MINISTÈRE DES TRAVAUX PUBLICS

ÉTUDES

DES

GÎTES MINÉRAUX

DE LA FRANCE

PUBLIÉES SOUS LES AUSPICES DE M. LE MINISTRE DES TRAVAUX PUBLICS
PAR LE SERVICE DES TOPOGRAPHIES SOUTERRAINES

BASSIN HOUILLER ET PERMIEN

DE BRIVE

FASCICULE II

FLORE FOSSILE

PAR

M. R. ZEILLER

INGÉNIEUR EN CHEF DES MINES

PARIS

IMPRIMERIE NATIONALE

M DCCC XCII

BASSIN HOUILLER ET PERMIEN

DE BRIVE

MINISTÈRE DES TRAVAUX PUBLICS

ÉTUDES

DES

GÎTES MINÉRAUX

DE LA FRANCE

PUBLIÉES SOUS LES AUSPICES DE M. LE MINISTRE DES TRAVAUX PUBLICS
PAR LE SERVICE DES TOPOGRAPHIES SOUTERRAINES

BASSIN HOUILLER ET PERMIEN
DE BRIVE

FASCICULE II

FLORE FOSSILE

PAR

M. R. ZEILLER

INGÉNIEUR EN CHEF DES MINES

PARIS
IMPRIMERIE NATIONALE

M DCCC XCII

IMPRIMERIE NATIONALE

ÉTUDES

SUR

LA FLORE FOSSILE

DES DÉPÔTS HOUILLERS ET PERMIENS

DES ENVIRONS DE BRIVE.

INTRODUCTION.

Les dépôts houillers de la région de Brive peuvent compter au nombre de ceux qui ont été le plus anciennement explorés au point de vue paléophytologique. Dès 1820, en effet, Brard, directeur des mines du Lardin, recueillait, dans l'exploitation de ces mines et dans les explorations poursuivies par lui sur le bassin de Terrasson, de nombreuses empreintes végétales, que Brongniart mit immédiatement à profit dans ses études sur les végétaux fossiles; elles lui fournirent, en 1822, les types des deux genres *Odontopteris* et *Clathraria*[1], et elles furent plusieurs fois citées au *Prodrome d'une histoire des végétaux fossiles*, publié en 1828. Mention est faite, dans ce travail, de dix-sept espèces du Lardin ou de Terrasson, dont onze nouvelles, qui devaient être ultérieurement décrites et figurées. La moitié d'entre elles trouvèrent place dans le premier volume de l'*Histoire des végétaux fossiles*, et le genre *Odontopteris* notamment y est exclusivement représenté, pour les espèces de provenance française : *Od. Brardi, Od. minor, Od. crenulata, Od. obtusa*, par des échantillons de Brard, dont quelques-uns remarquables par leur grande taille et leur belle conservation. Les autres espèces qui figurent dans cet ouvrage comme observées dans le bassin, sont : *Calamites nodosus*,

[1] Brongniart, *Sur la classification et la distribution des végétaux fossiles*, p. 34, 89; p. 9, 22, 89.

II. 1

Sigillaria (Clathraria) Brardi, Pecopteris aspidioides, Pec. oreopteridia et *Pec. Brardiana;* ce dernier, bien que nouveau, fut simplement décrit parmi les formes douteuses, en raison de l'imperfection de sa conservation; je n'ai pu en retrouver l'échantillon type dans les collections du Muséum d'histoire naturelle de Paris, dont il doit cependant faire partie, mais il est au moins probable, d'après la diagnose donnée par Brongniart, qu'il s'agit de quelque penne fertile du genre *Asterotheca.*

Quant aux *Sphenopteris Brardi, Sphenophyllum quadrifidum, Poacites æqualis, Poac. striata, Annularia minuta, Ann. longifolia* var. *minor, Asterophyllites Brardi* et *Volkmannia erosa,* annoncés dans le *Prodrome,* ils n'ont jamais été décrits ni figurés, et quelques-uns de ces noms, employés arbitrairement par certains auteurs, ont donné lieu depuis lors à des interprétations fort diverses. Pour deux d'entre eux, *Sphenophyllum quadrifidum* et *Annularia minuta,* je ferai connaître ici les échantillons que Brongniart avait eus en vue, et que MM. Ed. Bureau et B. Renault ont bien voulu, avec leur obligeance habituelle, mettre à ma disposition. Le *Sphenopteris Brardi* ayant été passé sous silence par son auteur lui-même dans l'*Histoire des végétaux fossiles,* il y a lieu de croire qu'il était identique à l'une ou à l'autre des espèces décrites dans cet ouvrage, ou bien qu'il était trop imparfaitement conservé. Les *Poacites æqualis* et *Poac. striata* étaient sans doute établis sur des feuilles de Cordaïtes ou de Poacordaïtes qui ont dû être décrits plus tard sous d'autres noms spécifiques; enfin l'*Asterophyllites Brardi* et le *Volkmannia erosa* n'ont été cités par Brongniart que comme espèces douteuses, et la synonymie, indiquée comme possible, de la première de ces deux espèces avec l'*Annularia reflexa* Sternberg, autorise à penser qu'il pouvait s'agir simplement de quelque épi d'*Annularia* plus ou moins mal conservé.

Après l'arrêt de la publication de l'*Histoire des végétaux fossiles* en 1838, les études paléobotaniques demeurèrent à peu près suspendues en France durant de longues années, et ce n'est guère qu'en 1877 qu'il fut de nouveau fait mention des plantes houillères de la Corrèze et de la Dordogne, par M. Grand'Eury, dans son grand travail sur la *Flore carbonifère du département de la Loire et du centre de la France.* Les échantillons de Cublac et du Lardin, que l'auteur avait reçus de M. Duny ou vus au Muséum, le conduisirent à classer les couches de Terrasson au sommet du terrain houiller supérieur, conclusion à laquelle il n'y a rien à modifier aujourd'hui. J'ai pu, vers la même époque, grâce aux recherches de mon camarade et ami M. Mouret,

alors ingénieur des ponts et chaussées à Brive, ajouter quelques renseignements, particulièrement pour Argentat, aux listes d'espèces publiées par
M. Grand'Eury[1]; mais, dès ce moment, l'attention de M. Mouret s'était portée
sur les couches permiennes de la région et sur les fossiles végétaux qu'on pouvait y rencontrer, et l'École nationale des Mines avait reçu de lui diverses
empreintes de la carrière du Gourd-du-Diable, qui furent mentionnées par
M. D. Stur dans ses *Reiseskizzen*[2]. Le nombre de ces empreintes s'étant peu
à peu accru, je fus amené à consacrer, en 1879, une note spéciale[3] à la description des plus remarquables d'entre elles et à discuter, d'après les espèces recueillies, le niveau de quelques autres gisements des environs de
Brive, pour le classement desquels j'avais certaines réserves à faire sur les
conclusions que venait de publier[4] M. Mouret.

Depuis lors, les explorations n'ont cessé de se poursuivre et de nouveaux
matériaux d'étude ont été récoltés en nombre de plus en plus considérable.
La part principale, dans ces explorations, appartient à M. Mouret, qui a su
découvrir de nombreux gisements nouveaux d'empreintes végétales, tant à la
partie supérieure de la formation houillère que dans les dépôts permiens
qu'il classe aujourd'hui sous le nom de grès à *Walchia*[5], et qui est parvenu
à recueillir ainsi de précieuses données sur la flore de ces dépôts. Mais je
dois aussi mettre au même rang, en raison de leur intérêt tout particulier,
les résultats des recherches faites avec tant de persévérance par M. J. Dessort
en vue de la découverte de la houille. Le puits dit de Bernou, ouvert par lui
aux environs de Larche et poussé jusqu'à 432 mètres de profondeur, a traversé à plusieurs reprises des niveaux fossilifères, et les empreintes trouvées
dans ces niveaux ont été soigneusement recueillies. Celles qui avaient été ex-
traites, au début du travail, des grès et schistes gris de l'étage supérieur et
déposées à la mairie de Tulle n'ont pu, malheureusement, être retrouvées,
malgré les recherches qu'a bien voulu faire, avec la plus extrême obligeance,
M. E. Fage, président de la Société des lettres, sciences et arts de la Cor-

---

[1] *Détermination des étages houillers à l'aide de la flore fossile. Résumé des travaux de M. Grand'-
Eury. (Ann. des Mines, 7ᵉ sér., XII, [2ᵉ vol. de 1877], p. 380.)*

[2] *Verhandl. d. k. k. geol. Reichsanstalt, 1876, p. 277.*

[3] *Notes sur quelques plantes fossiles du terrain permien de la Corrèze. (Bull. Soc. Géol., 3ᵉ sér.,
VIII, p. 196-211, pl. IV, V.)*

[4] Mouret, *Esquisse géologique des environs de Brive. (Bull. de la Soc. scient., histor. et archéol.
de la Corrèze, I, livr. 3.)*

[5] *Id., Stratigraphie des dépôts permiens et houillers des environs de Brive, p. 5.*

rèze; mais j'ai reçu directement de M. Dessort, pour l'École des Mines, de 1883 à 1885, des séries complètes des fossiles végétaux recueillis, d'abord à 206 mètres, puis à 430 mètres de profondeur, et parmi lesquels, outre des spécimens de dimensions considérables et d'une conservation parfaite, se sont trouvées quelques formes spécifiques entièrement nouvelles. Les travaux entrepris par M. Dessort aux Parjadis, près de Lanteuil, ont également fourni de fort beaux et intéressants échantillons.

L'École des Mines a reçu aussi de M. Duny, ancien ingénieur des mines de Cublac, d'assez nombreuses empreintes de ces houillères. Enfin, M. Delas, directeur actuel des mines de Cublac et du Lardin, a bien voulu me communiquer la riche collection de plantes fossiles recueillie par lui dans la région et m'autoriser à en conserver pour l'École des Mines les échantillons les plus remarquables. Je suis heureux d'exprimer ici à MM. Dessort, Duny et Delas toute ma reconnaissance pour le bienveillant concours qu'ils ont bien voulu me prêter en vue de la réunion des matériaux nécessaires à l'étude que j'entreprends aujourd'hui.

Ainsi que l'établit M. Mouret dans son beau travail sur la *Stratigraphie des dépôts permiens et houillers des environs de Brive*, les deux formations houillère et permienne se succèdent dans cette région sans la moindre lacune, et l'on passe graduellement du facies houiller au facies permien, non seulement de bas en haut, mais parfois aussi latéralement; d'autre part, des dépôts à facies houiller se montrent sur certains points intercalés dans des couches à facies permien, de telle sorte que les considérations lithologiques deviennent insuffisantes pour permettre la détermination du niveau. Dans de telles conditions, il était particulièrement intéressant de suivre d'un point à l'autre les modifications de la flore et de s'assurer si elles correspondaient aux variations du facies ou si elles dépendaient exclusivement du niveau; les matériaux recueillis par M. Dessort à 206 mètres de profondeur dans son puits de recherche de Bernou ont fourni à cet égard d'utiles renseignements, ainsi que je le montrerai au cours du présent travail.

Je passerai tout d'abord en revue, dans les pages qui vont suivre, les espèces dont j'ai pu reconnaître la présence dans les couches houillères ou permiennes de la région de Brive, en indiquant, pour chacune d'elles, les diverses localités où elle a été observée. Je n'entrerai, en général, sauf pour les formes spécifiques nouvelles, dans aucun détail descriptif non plus que synonymique, me bornant, dans la plupart des cas, à renvoyer à l'ouvrage dans lequel l'espèce a été créée; j'ai, du reste, pour presque toutes les espèces qui figurent dans le présent travail, au moins en ce qui touche les Fougères, discuté ailleurs [1], aussi complètement que je l'ai pu, les questions de synonymie. Je ferai seulement connaître, le cas échéant, les observations auxquelles peuvent donner lieu, au point de vue paléontologique, les échantillons recueillis dans la région.

Enfin je dirai quelques mots, à la suite des plantes, de certaines empreintes remarquables qui doivent être rapportées au règne animal, et je terminerai par l'examen des résultats qu'on peut déduire, pour l'étude géologique de la région de Brive, des renseignements fournis par la flore fossile.

[1] *Flore fossile du terrain houiller de Commentry*, 1ʳᵉ partie. — *Bassin houiller et permien d'Autun et d'Épinac, Flore fossile*, 1ʳᵉ partie.

FOSSILES VÉGÉTAUX.

FOUGÈRES.

Genre SPHENOPTERIS. Brongniart.

SPHENOPTERIS MATHETI. Zeiller.

1888. **Sphenopteris Matheti**. Zeiller, *Fl. foss. terr. houill. de Commentry*, 1re partie, p. 49, pl. I, fig. 3-6.

J'ai reconnu l'existence de cette jolie espèce à Chabrignac, parmi les empreintes provenant du puits au Jus, de la concession de Saint-Bonnet-la-Rivière. Je suis porté à lui attribuer également des fragments de pennes recueillis par M. Mouret dans les carrières de la Tuilière, près de la Villedieu, bassin de Cublac; mais ils sont trop incomplets et d'une conservation trop défectueuse pour qu'il soit possible de les déterminer avec certitude.

SPHENOPTERIS MOURETI. Zeiller. n. sp.

(Pl. I, fig. 2 à 4.)

1880. **Sphenopteris Gützoldi**. Zeiller (*non* Gutbier), *Bull. Soc. Géol.*, 3e série, VIII, p. 199.

Frondes quadripinnatifides. Rachis primaire strié longitudinalement, parfois bifurqué. *Pennes primaires* très étalées, à bords parallèles, *portant, entre les pennes de dernier ordre bipinnatifides, de petites pinnules* semblables à celles de ces dernières, *attachées directement sur le rachis. Pennes secondaires* très étalées, *à contour linéaire,* longues de 2 à 5 centimètres, larges de 5 à 10 millimètres, ne se touchant pas ou se touchant à peine par leurs bords. *Pinnules petites,* longues de 3 à 6 millimètres sur 2 à 5 millimètres de largeur, se touchant par leurs bords, *contractées à la base en un pédicelle assez large, divisées en 3 à 5 ou 7 lobes arrondis.* Nervation indistincte.

Cette espèce ressemble singulièrement, au premier coup d'œil, au *Sph. Hœ-*

ninghausi du Houiller moyen; cependant ses pinnules paraissent avoir eu le limbe plus coriace et moins bombé, et peut-être un peu moins profondément découpé; sous ce dernier rapport, elles se rapprochent davantage de l'espèce ou de la forme du Houiller inférieur que M. Stur a fait connaître sous le nom de *Calymmatotheca Stangeri* (*Sph. Hœninghausi, stangeriformis* de M. Potonié[1]); mais ce qui rend la confusion impossible, c'est la présence, entre deux pennes secondaires consécutives, d'une petite pinnule attachée directement sur le rachis, ainsi qu'on le constate nettement sur la figure 3 de la planche I. Par ce caractère, le *Sph. Moureti* se rapproche des *Callipteris*, et l'on pourrait se demander s'il ne devrait pas être classé plutôt dans ce dernier genre; mais si on le compare aux espèces sphénoptéroïdes de *Callipteris*, on reconnaît qu'il ne présente avec elles aucune affinité sérieuse : il ne montre en aucune manière cette décurrence des pinnules et des pennes, par suite de laquelle le lobe basilaire de chaque pinnule se trouve inséré chez ces dernières sur le rachis lui-même et semble parfois presque indépendant du reste de la pinnule à laquelle il appartient; sa fronde est en outre beaucoup plus divisée; enfin la forme même de ses pinnules est toute différente de ce qu'on observe, par exemple, chez les *Callipteris Naumanni, Call. lyratifolia*, et autres du même groupe, et il serait impossible de les considérer, au point de vue de leur mode d'attache et de leur division en lobes, comme dérivées du type pécoptéroïde. Aussi ai-je finalement maintenu cette espèce dans le genre *Sphenopteris*, malgré la particularité que je viens d'indiquer, et à laquelle je ne puis, en l'absence d'autres caractères, accorder qu'une valeur spécifique.

La bifurcation qu'on voit sur l'échantillon de la figure 2 me donne lieu de penser que cette empreinte représente une portion de fronde avec son rachis principal, plutôt qu'un fragment d'une penne primaire seulement; ces bifurcations, qu'on observe de temps à autre chez les Fougères, sont en effet plus fréquentes sur les rachis primaires que sur les rachis secondaires. J'avais admis, il est vrai, pour le *Sph. Hœninghausi*[2], chez lequel on constate assez fréquemment des bifurcations semblables, qu'elles se produisaient sur les rachis secondaires; mais j'avais fait remarquer d'autre part qu'il serait peutêtre plus naturel de regarder l'axe d'où partaient ces rachis comme une tige que comme un rachis principal, auquel cas ce n'était plus l'axe des pennes primaires, mais celui de la fronde elle-même, qui se trouvait ainsi bifurqué;

[1] Potonié, *Ueber einige Carbonfarne*, II. (*Jahrb. d. k. preuss. Landesanst. f. 1890*, p. 25.)
[2] *Bassin houiller de Valenciennes, Flore fossile*, p. 83.

cette interprétation a été formellement admise par M. Potonié[1] dans l'étude spéciale qu'il a faite de cette espèce, et je crois devoir m'y tenir également pour le *Sph. Moureti*.

Le parallélisme des deux pennes qu'on voit sur l'empreinte de la figure 4 indique qu'elles devaient s'attacher à un même rachis; elles me paraissent devoir être considérées comme des pennes primaires, mais plus développées et plus divisées que celles du fragment de fronde de la figure 2; celles-ci ne sont sans doute que les pennes les plus inférieures, et peut-être, si l'échantillon était complet, verrait-on les branches de la bifurcation garnies un peu plus haut de pennes semblables à celles des figures 3 et 4; en tout cas, on observe souvent, chez le *Sph. Hœninghausi* et chez les diverses formes qui s'y rattachent, des différences analogues dans le degré de division de pennes de même ordre.

J'ajouterai, au point de vue de la comparaison avec cette dernière espèce, que sur l'empreinte de la figure 4 les rachis paraissent, à première vue, avoir été chargés d'écailles comme ceux du *Sph. Hœninghausi*; mais je suis porté, d'après un examen plus attentif, à croire que ce n'est là qu'une apparence résultant de ce que la lame charbonneuse représentant l'ancien organe a été en partie détruite et qu'il n'en subsiste que des parcelles irrégulières, simulant des protubérances écailleuses; en tout cas, sur l'échantillon de la figure 2, les rachis sont tout à fait lisses, ainsi que sur un autre fragment de penne recueilli par M. Mouret au Soleilhot.

J'avais jadis rapporté au *Sph. Gützoldi* Gutbier les premiers échantillons de cette fougère que j'avais eus sous les yeux et dont la conservation laissait quelque peu à désirer; des spécimens en meilleur état m'ont prouvé que cette identification était erronée, l'espèce du Permien de la Saxe ayant des pinnules beaucoup plus réduites encore et plus finement découpées; on n'observe pas d'ailleurs, chez cette dernière, la petite pinnule qui se trouve ici fixée sur le rachis dans l'intervalle compris entre deux pennes consécutives.

L'espèce de la Corrèze m'ayant, en fin de compte, paru nouvelle, je me suis fait un plaisir de la dédier à mon camarade et ami M. Mouret, ingénieur en chef des ponts et chaussées, aux persévérantes explorations de qui je dois la majeure partie des échantillons décrits dans le présent travail.

Le *Sph. Moureti* a été trouvé par lui dans les grès à *Walchia* exclusivement,

[1] Potonié, *Ueber einige Carbonfarne*, II. (*Jahrb. d. k. preuss. Landesanst. f. 1890*, p. 16.)

à la carrière du Gourd-du-Diable, près de Brive, d'abord, puis au Soleilhot, près de Marcillac-la-Croze.

SPHENOPTERIS (?) sp.

(Pl. I, fig. 5.)

Il me paraît utile de faire connaître ici, malgré sa conservation très incomplète, un petit fragment de penne qui me semble devoir appartenir à un *Sphenopteris* plus ou moins analogue au *Sph. Moureti*, mais différent spécifiquement : il présente, comme on le voit sur la figure 5, planche I, de petites pennes profondément pinnatifides, divisées en courts lobes linéaires dont aucun ne paraît complet; entre ces pennes, des lobes semblables s'attachent directement sur le rachis. J'incline à voir dans cette empreinte un fragment de penne comparable aux pennes primaires de la figure 2, sur lesquelles on distingue en quelques points un indice de lobe ou de pinnule attaché directement sur le rachis entre les pennes primaires.

Il se pourrait toutefois que l'empreinte de la figure 5 appartînt à un *Callipteris*, du groupe, par exemple, du *Call. lyratifolia;* le fait que le lobe fixé sur le rachis est plus rapproché de la pinnule située au-dessus de lui que de celle du côté inférieur serait même en faveur de cette attribution.

Il est évidemment impossible, sur un fragment aussi incomplet, d'arriver à une conclusion positive; mais comme il semble dénoter une forme spécifique nouvelle, j'ai tenu à le signaler à l'attention, en le faisant figurer.

Cet échantillon a été recueilli par M. Mouret à la carrière de la Cave, à l'ouest de la station de Larche, dans les grès à *Walchia*.

SPHENOPTERIS CRISTATA. Brongniart (sp.).

1835 ou 1836. **Pecopteris cristata.** Brongniart, *Hist. végét. foss.*, I, p. 356, pl. 125, fig. 4 ; (*an* fig. 5 ?).

Le *Sph. cristata* a été observé, sous forme de pennes détachées bien reconnaissables, dans le Houiller supérieur de la région de Brive, mais, jusqu'à présent, dans deux localités seulement, savoir : au puits Sainte-Barbe de Cublac et au puits au Jus de Chabrignac.

SPHENOPTERIS DECHENI. Weiss.

(Pl. I, fig. 1.)

1869. **Sphenopteris (Hymenopteris) Decheni.** Weiss, *Foss. Fl. d. jüngst. Steinkohl.*, p. 53,
pl. VIII, fig. 2, 2 *a*, 2 *b*.

L'échantillon de la figure 1, planche I, que je rapporte au *Sph. Decheni*,
ne me paraît différer de la figure type de cette espèce que par son aspect
plus dense, les pinnules se montrant ici un peu plus serrées les unes contre
les autres, ce qui ne saurait être considéré comme un caractère spécifique.
M. Weiss a, il est vrai, indiqué dans sa diagnose les lobes de ces pinnules
comme obtus et tout à fait entiers, y compris même le lobe basilaire (*Lacininiæ... obtusæ, integerrimæ, infima etiam rotundata...*), tandis que, sur l'échantillon que je figure, quelques lobes, notamment les plus inférieurs (fig. 1 A,
1 B), se montrent légèrement crénelés; de plus, ils sont plutôt ogivaux que
franchement obtus au sommet. Mais, si l'on se reporte à la figure type, on y
voit, de la façon la plus nette, des lobes crénelés, et même assez profondément, à la base des pinnules des pennes inférieures. La figure grossie 2 *b*
montre elle-même en quelques points le lobe basilaire manifestement bilobé,
comme on le voit ici sur les figures 1 A et 1 B; en outre, sur cette figure et
sur la figure 2 *a*, les lobes sont représentés ogivaux et presque aigus à leur
sommet. J'ajouterai que ces deux figures font voir, comme les figures 1 A et
1 B, le développement plus grand du lobe basilaire antérieur, lequel me paraît
constituer un caractère d'une certaine importance. Enfin l'on remarque sur
l'échantillon de la Corrèze, comme sur celui du bassin de la Sarre, l'existence,
le long du rachis, d'une étroite bande de limbe réunissant entre elles les
bases des pinnules. La concordance me semble, en somme, trop complète
pour qu'il puisse rester un doute sur la légitimité de l'identification.

L'échantillon type du *Sph. Decheni* a été trouvé dans le bassin de la
Sarre, à Berschweiler, dans l'étage permien de Lebach; mais l'espèce aurait
été également observée à la partie inférieure du système d'Ottweiler, c'est-à-
dire dans le Houiller supérieur. Je ne l'ai vue dans la région de Brive que sur
un seul point, à savoir, au niveau de 206 mètres du puits de recherche foncé
près de Larche par M. Dessort.

Genre EREMOPTERIS. Schimper.

EREMOPTERIS (?) sp.
(Pl. 1, fig. 6.)

Bien que l'échantillon de la figure 6, planche I, soit trop incomplet pour être susceptible d'une détermination précise, il m'a paru assez intéressant pour mériter une mention spéciale. Il semble indiquer en effet une espèce non encore décrite du genre *Eremopteris*, rappelant un peu l'*Erem. Courtini* de Commentry, mais à très petites pinnules. Malheureusement, la nervation est absolument indiscernable, le limbe ayant sans doute été assez épais et coriace; la penne supérieure paraît, d'autre part, se terminer en une pointe nue, très aiguë, comme cela a lieu chez certains *Diplotmema* et *Mariopteris;* toutefois, par suite de l'interruption qui existe dans l'empreinte, il n'est pas absolument certain que cette pointe, qu'on voit à l'angle supérieur gauche de la figure, appartienne bien à la penne. En tout cas, la détermination générique demeure un peu douteuse, et il serait évidemment prématuré de créer une espèce sur un échantillon aussi fragmentaire. Je ne puis que souhaiter que les géologues de la région de Brive retrouvent des spécimens plus complets de cette intéressante forme spécifique.

L'empreinte représentée à la figure 6 a été recueillie, par M. Dessort, au toit de la troisième couche des Parjadis.

Genre DIPLOTMEMA. Stur.

DIPLOTMEMA PALEAUI. Zeiller.

1888. **Diplotmema Paleaui.** Zeiller, *Fl. foss. terr. houill. de Commentry*, 1re partie, p. 84, pl. IV, fig. 1, 2.

J'ai reconnu, parmi les échantillons d'argilites recueillis par M. Mouret au bord de la Nuelle, près de Peyrignac, un certain nombre d'empreintes bien conservées de cette espèce, qui, trouvée d'abord à Commentry, a été observée également par M. W. de Lima dans les couches permiennes de Bussaco [1], en Portugal.

[1] W. de Lima, *Noticia sobre as camadas da serie permo-carbonica do Bussaco*, p. 12.

DIPLOTMEMA RIBEYRONI. Zeiller.

1888. **Diplotmema Ribeyroni.** Zeiller, *Fl. foss. terr. houill. de Commentry*, 1ʳᵉ partie, p. 91 pl. IV, fig. 3-5.

Le *Diplotmema Ribeyroni*, rencontré en France dans le Houiller supérieur de Commentry et de l'Autunois, puis en Portugal dans le Permien inférieur de Bussaco [1], s'est montré sur quelques points de la région de Brive en spécimens assez fragmentaires, mais cependant bien reconnaissables, à savoir, dans les couches houillères du Lardin et dans les grès de la Cabane; il est probable qu'il faut également lui rapporter certaines empreintes de Châtres, dont la détermination demeure toutefois douteuse en raison de leur très imparfaite conservation.

Genre SCHIZOPTERIS. Brongniart.

SCHIZOPTERIS TRICHOMANOIDES. Goeppert.

(Pl. I, fig. 8.)

1836. **Chondrites trichomanoides.** Goeppert, *Syst. filic. foss.*, p. 268, pl. XXX, fig. 2 *b*, 3.

Le *Schizopteris trichomanoides* n'ayant été jusqu'à présent signalé en France, à ma connaissance du moins, que dans le Permien des environs de Brive, il m'a semblé utile de figurer à nouveau ici le meilleur et le plus complet des échantillons qui en ont été recueillis par M. Mouret au Gourd-du-Diable, bien que j'en aie déjà donné des dessins dans mon premier travail sur les plantes permiennes de la région [2]. Cet échantillon montre nettement la division successive de la fronde, par dichotomie, en lanières de plus en plus étroites, dont les dernières se bifurquent à leur sommet en deux lobes obtus assez courts; on remarque en outre que, d'un côté à l'autre de l'axe médian de la portion inférieure non divisée de la fronde, la répartition des segments est quelque peu dyssymétrique. Il semble que l'on ait affaire, sur cette empreinte, à plusieurs frondes sessiles, attachées presque en un même point d'une assez grosse tige ou rachis; toutefois la conservation n'est pas assez parfaite pour qu'on puisse se prononcer à cet égard, et il n'est pas cer-

[1] W. de Lima, *loc. cit.*, p. 12.
[2] *Bull. Soc. Géol.*, 3ᵉ sér., VIII, pl. IV, fig. 1, 2.

tain que la bande médiane qu'on voit sur la figure 8, dirigée parallèlement
aux longs côtés de la planche, soit vraiment un rachis ou une tige, ni que les
frondes ou segments de frondes qui s'étalent à droite et à gauche viennent
réellement s'insérer sur cet axe.

Le *Schiz. trichomanoides* a été trouvé en grande abondance dans les grès à
Walchia de la carrière du Gourd-du-Diable, près de Brive.

SCHIZOPTERIS DICHOTOMA. Gümbel (sp.).

(Pl. 1, fig. 7.)

1859. **Schizeites dichotomus.** Gümbel, *Denkschr. d. k. bayer. botan. Gesellsch. zu Regensburg*,
 IV, p. 101, pl. VIII, fig. 7.

Je redonne également sur la planche I, pour les mêmes raisons que j'ai
exposées tout à l'heure, une figure de l'un des échantillons de *Schizopteris
dichotoma* que j'avais déjà fait représenter [1]. Il offre, du reste, un intérêt particulier : il n'est, en effet, guère douteux que les deux frondes qui occupent la
partie supérieure·de l'empreinte viennent s'attacher par leur base, rétrécie
en pétiole, sur l'axe grêle qui court le long du bord inférieur de l'empreinte,
et qui semble dès lors devoir être regardé comme un rhizome; on aurait
donc la plante à peu près complète.

La comparaison de cet échantillon avec celui de la figure 8 montre
qu'ici les frondes sont plus régulièrement et plus symétriquement divisées;
en outre, les lanières extrêmes sont plus allongées, plus aiguës et sensiblement
moins divergentes. C'est pour ces motifs que j'ai cru jadis et que je crois encore aujourd'hui devoir considérer ces deux formes comme spécifiquement
distinctes. Je rappellerai cependant que M. W. de Lima, qui a recueilli dans
le Permien inférieur de Bussaco un grand nombre de spécimens de *Schizopteris* parfaitement semblables à ceux de la Corrèze [2], a observé parmi eux
des transitions graduelles qui paraissent relier le *Sch. dichotoma* au *Sch. trichomanoides*, et d'après lesquelles il est porté à fondre ces deux espèces en
une seule [3]. Bien que les échantillons qu'il a eu l'affectueuse obligance de
me communiquer soient en faveur de cette manière de voir, je demeure cependant sur la réserve jusqu'à plus ample informé. Il est à espérer que les

[1] *Bull. Soc. Géol.*, 3ᵉ sér., VIII, pl. IV, fig. 3-5.
[2] W. de Lima, *loc. cit.*, p. 17-18.
[3] Id., *Bull. Soc. Géol.*, 3ᵉ sér., XIX, p. 138.

·persévérantes recherches qu'il continue à faire sur cet intéressant gisement de Bussaco lui permettront de trancher définitivement la question et de jeter un jour nouveau sur ces formes encore insuffisamment connues.

Le *Sch. dichotoma* a été trouvé par M. Mouret sur plusieurs points de la région de Brive, toujours dans les grès à *Walchia*, dans les carrières du Gourd-du-Diable d'abord, puis de la Cave et du Perrier à l'ouest de la station de Larche.

Genre PECOPTERIS. Brongniart.

PECOPTERIS (ASTEROTHECA) ARBORESCENS. Schlotheim (sp.).

1820. **Filicites arborescens.** Schlotheim, *Petrefactenkunde*, p. 404; pl. VIII, fig. 13.

Le *Pec. arborescens*, qui, de la région inférieure et moyenne du Houiller supérieur, où il est extrêmement répandu, s'élève jusque dans le Permien inférieur, a été trouvé dans les environs de Brive à différents niveaux, savoir : dans les couches houillères, à Argentat, au Lardin, au puits Sautet (près de la Combe-Ségerard), et à Peyrignac; et à la base du Permien, dans les travaux de recherche du puits de Larche, au niveau de 206 mètres.

PECOPTERIS (ASTEROTHECA) CYATHEA. Schlotheim (sp.).

1820. **Filicites cyatheus.** Schlotheim, *Petrefactenkunde*, p. 403; pl. VII, fig. 11.

Le *Pec. cyathea* se rencontre avec assez d'abondance dans toutes les couches houillères de la région de Brive, ainsi qu'à la partie inférieure du Permien; j'ai constaté sa présence à Argentat, à Cublac, aux niveaux de 430 et de 206 mètres du puits de Larche, au Lardin, au puits Sautet, à Peyrignac, au puits au Jus de Chabrignac, à la Chapelle-aux-Brots, aux Parjadis et dans les grès de la Cabane.

PECOPTERIS (ASTEROTHECA) CANDOLLEI. Brongniart.
(Pl. V, fig. 1 à 4.)

1833 ou 1834. **Pecopteris Candolliana.** Brongniart, *Hist. végét. foss.*, I, p. 305, pl. 100, fig. 1.

Il a été trouvé sur un certain nombre de points des environs de Brive des échantillons de *Pec. Candollei*, toujours sous forme de pennes détachées, comme c'est l'habitude pour cette espèce, mais parfois si bien conservés, que je n'ai pas cru inutile de figurer sur la planche V quelques-uns d'entre eux. Les pinnules, tantôt contractées à la base, tantôt, au contraire, légèrement élargies et faiblement soudées les unes aux autres, ont des dimensions très variables, ainsi que l'ont déjà montré les figures publiées par Germar[1], avec lesquelles les empreintes du bassin de Brive concordent exactement; on remarque notamment sur ces dernières, comme sur celles de Wettin, un épaississement assez accentué des nervures secondaires au voisinage du bord des pinnules (pl. V, fig. 1 A). Une bonne partie de ces échantillons sont fructifiés, et, sur l'un d'eux (fig. 2, 2 A), certaines pinnules sont demeurées stériles à leur extrémité, de telle façon qu'on peut reconnaître la disposition des nervures, ce qui met hors de doute la détermination spécifique. Les sporanges sont groupés par quatre, comme dans le genre *Asterotheca*, et les synangium se montrent tantôt normaux au limbe, de manière à laisser voir les quatre sporanges qui les constituent, tantôt rabattus normalement à la nervure médiane, par suite sans doute d'un léger bombement du limbe; on observe souvent ces deux dispositions réunies sur une seule et même pinnule (fig. 2 A).

Les localités où a été constatée la présence du *Pec. Candollei* sont les suivantes : Cublac, puits Sautet (près de la Combe-Ségerard), Peyrignac où on le rencontre en abondance sous forme de fragments de pennes tant fertiles que stériles, la Chapelle-aux-Brots, et le niveau de 206 mètres du puits de Larche.

PECOPTERIS (ASTEROTHECA) HEMITELIOIDES. Brongniart.

(Pl. III, fig. 1 à 3.)

1833 ou 1834. **Pecopteris hemitelioides.** Brongniart, *Hist. végét. foss.*, I, pl. 108, fig. 1, 2, p. 314.

A l'inverse de la précédente, cette espèce, qui ne se rencontre d'ordinaire comme elle qu'à l'état de pennes détachées, a été trouvée dans la Corrèze, au niveau de 206 mètres du puits de Larche, en grands échantillons présentant non seulement les pennes de dernier ordre en place le long des rachis secondaires, mais les pennes primaires disposées parallèlement les unes à côté des autres de manière à attester qu'elles dépendaient d'un rachis commun. C'est ce qui a lieu notamment sur l'empreinte dont la figure 1,

[1] *Verst. d. Steink. v. Wettin u. Löbejün*, pl. XXXVIII.

planche III, reproduit une petite portion, et qui montre trois pennes semblables, les deux inférieures fertiles et la supérieure stérile, ainsi alignées l'une à la suite de l'autre. Aucun de ces échantillons, malheureusement, n'est assez complet pour qu'on puisse suivre les pennes primaires jusqu'à leur insertion sur le rachis principal, mais on voit sur quelques-uns d'entre eux des fragments de gros rachis de 3 centimètres et plus de largeur, à surface marquée de cicatricules linéaires dénotant la présence d'écailles, et qui ont certainement appartenu à cette espèce. La penne stérile de la figure 2, planche III, montre de même un rachis manifestement écailleux.

Sur la plupart des échantillons fructifiés de *Pec. hemitelioides* recueillis au puits de Larche, les synangium, très développés et très saillants, sont couchés sur le limbe normalement à la nervure médiane, disposition que M. Grand'-Eury ne signale pas chez cette espèce [1] ; elle se retrouve cependant sur des échantillons de Saint-Étienne donnés par lui à l'École nationale des Mines et qui montrent, ainsi qu'on le voit sur les figures 3 et 3 A, planche III, des synangium couchés, à côté d'autres demeurés normaux au limbe. M. Grand'-Eury a, d'ailleurs, indiqué les sores du *Pec. hemitelioides* comme beaucoup plus volumineux et plus charbonneux plus que ceux d'aucune autre espèce du même groupe, et comme composés de capsules moins soudées, ce qui concorde exactement avec ce que l'on observe sur l'échantillon (fig. 1), où certains synangium paraissent nettement disjoints à leur sommet (fig. 1 A). L'attribution spécifique de ce dernier échantillon ne saurait, au surplus, être mise en question, puisque l'on y observe, à l'extrémité d'une partie au moins des pennes de dernier ordre, un certain nombre de pinnules stériles laissant bien voir leur nervation (fig. 1 B).

Il ressort de l'examen de ces divers échantillons que le *Pec. hemitelioides* avait bien de grandes frondes tripinnées, comme les autres *Pecopteris* cyathoïdes, ainsi qu'on l'avait présumé.

J'ai reconnu sa présence à Argentat, à Cublac, au Lardin, à Chabrignac (puits au Jus), à la Chapelle-aux-Brots, aux Parjadis, au niveau de 206 mètres du puits de Larche, et enfin au pont de Larche, dans des couches appartenant déjà à l'étage des grès à *Walchia*.

---

[1] *Flore carb. du dép. de la Loire*, p. 70, pl. VIII, fig. 9.

PECOPTERIS (ASTEROTHECA) OREOPTERIDIA. Schlotheim (sp.).

(Pl. V, fig. 7 à 9.)

1820. **Filicites oreopteridius.** Schlotheim, *Petrefactenkunde*, p. 407, pl. VI, fig. 9.

Cette espèce est très répandue dans la région de Brive, à la fois dans le Houiller et dans le Permien inférieur, et elle demeure assez abondante jusque dans les grès à *Walchia*.

Elle s'est montrée surtout très commune à la Chapelle-aux-Brots, où M. Mouret en a recueilli un grand nombre d'échantillons, à pinnules de dimensions assez variables, mais toujours bien caractérisées par leur forme et leur nervation; on peut suivre, de l'un à l'autre d'entre eux, les variations que présentaient les pennes suivant la position qu'elles occupaient sur la fronde. C'est ainsi que la figure 7, planche V, représente l'extrémité d'une penne primaire voisine du sommet de la fronde, tandis que la figure 8 fait voir l'extrémité, soit d'une penne primaire appartenant à la région moyenne ou inférieure de la fronde, soit peut-être de la fronde elle-même.

Quant au fragment de penne de la figure 9, il est fructifié, sauf dans la région voisine du sommet, qui est restée stérile; l'échantillon montrant sa face supérieure, on ne distingue pas le détail des fructifications; cependant, le limbe ayant été pressé sur elles et s'étant en quelque sorte moulé sur la base des synangium, on peut, surtout sur la penne inférieure de droite, se rendre compte de la disposition bisériée de ceux-ci et même de leur constitution, chacun d'eux étant représenté par une saillie à quatre lobes correspondant aux quatre sporanges.

Le *Pec. oreopteridia* a été reconnu, dans les environs de Brive : au Lardin, au puits Sautet (près de la Combe-Ségerard), à Peyrignac, où cependant sa présence demeure un peu douteuse, en raison du mauvais état des empreintes recueillies; à la Chapelle-aux-Brots, où il abonde; dans les grès de la Cabane, à Châtres (autant du moins qu'on en peut juger sur des échantillons imparfaitement conservés); et enfin dans l'étage des grès à *Walchia*, au pont de Larche, au Gourd-du-Diable et à Objat.

IMPRIMERIE NATIONALE.

PECOPTERIS (ASTEROTHECA) DAUBREEI. ZEILLER.

(Pl. IV, fig. 1 à 4.)

1888. **Pecopteris Daubreei.** Zeiller, *Fl. foss. terr. houill. de Commentry*, 1re partie, p. 147, pl. XV, fig. 1-5.

1833 ou 1834. **Pecopteris aspidioides.** Brongniart (*non* Sternberg), *Hist. végét. foss.*, I, p. 311, pl. 112, fig. 2.

Le *Pec. Daubreei* a été, comme le *Pec. oreopteridia*, mais avec moins d'abondance, rencontré sur un assez grand nombre de points de la région de Brive, aussi bien à la base du Permien que dans le Houiller supérieur, et les spécimens qui en ont été recueillis ont permis de compléter les renseignements fournis sur cette espèce par ceux de Commentry, tant en ce qui concerne la constitution des frondes que le mode de fructification.

Je mentionnerai d'abord un très grand échantillon, provenant du niveau de 206 mètres du puits de Larche, que M. Dessort a bien voulu donner à l'École nationale des Mines et qui montre une partie de la région moyenne de la fronde, avec le rachis principal portant d'un côté deux et de l'autre trois pennes primaires; la figure 1, planche IV, en représente une portion comprenant à peu près le quart de son étendue en surface. Le rachis principal était complètement engagé dans la roche, mais il a été possible de le dégager sur quelques points, tout en respectant les pennes secondaires qui le recouvraient. On voit qu'à la base des pennes primaires, les pennes secondaires étaient fortement réfractées, et qu'en outre elles affectaient un contour ovale-linéaire, n'acquérant leur maximum de largeur que vers leur milieu. Les pinnules qui les garnissent sont nettement crénelées (fig. 1 B), comme celles d'une partie des échantillons de Commentry; sur les pennes secondaires plus élevées, les pinnules deviennent tout à fait entières. La face supérieure du limbe est couverte de poils courts, appliqués, qui masquent presque entièrement la nervation, tandis que celle-ci se montre bien visible sur l'empreinte de la face inférieure, lorsque la mince lame charbonneuse qui représente le limbe a été enlevée.

Cet échantillon de la figure 1, planche IV, présente une particularité assez singulière, à savoir, le mode de terminaison des pennes secondaires, contractées tout à coup en une courte pointe par suite d'une brusque réduction des pinnules. On le remarque notamment, d'une façon très nette, à l'angle supé-

rieur gauche de la figure; mais ce n'est là qu'une anomalie accidentelle, résultant d'un arrêt subit de développement dû à quelque circonstance fortuite.
On n'observe, en effet, rien de semblable sur les autres spécimens de la
même plante, quelle qu'en soit la provenance, et sur la plaque même représentée à la figure 1, on observe des fragments de pennes détachées appartenant
manifestement à la même espèce, qui offrent le mode normal de terminaison, s'atténuant peu à peu en pointe obtusément aiguë; il en est ainsi, par
exemple, du bout de penne qu'on voit sur le bord supérieur de la figure, un
peu à gauche du rachis principal.

Quant aux fructifications, j'ai pu les observer sur divers échantillons recueillis soit dans la mine même de Cublac, soit à peu de distance, dans les
schistes de la Villedieu, et j'ai constaté que, comme je l'avais présumé [1],
cette espèce appartenait bien au genre *Asterotheca*. Les figures 2 à 4,
planche IV, représentent divers fragments de pennes épars à la surface d'une
même plaque de grès houiller, provenant de Cublac; les unes sont stériles
(fig. 4) et bien reconnaissables par la forme de leurs pinnules et la villosité
qui en masque la nervation; sur celles des pennes fertiles qui sont vues en
dessus, la nervation est de même indiscernable, le limbe étant également
couvert de poils très fins; on remarque seulement, à droite et à gauche de la
nervure médiane, deux séries de dépressions ponctiformes (fig. 2, 3) qui
correspondent aux points d'insertion des sores, le limbe faisant évidemment
saillie en dessous au centre de chaque synangium. Enfin quelques pennes
vues par leur face inférieure, comme le petit fragment placé en travers de la
figure 3, montrent les synangium très charbonneux, tantôt normaux au limbe,
tantôt couchés transversalement (fig. 3 A); la surface de ceux-ci paraît finement striée, comme si les sporanges qui les constituent avaient eux-mêmes
été couverts de poils, et l'on ne distingue souvent qu'avec beaucoup de peine
les lignes de contact de ces derniers.

J'ajouterai, à propos du *Pec. Daubreei*, que j'en ai observé, notamment
parmi les empreintes du puits Camille, des échantillons à pennes secondaires
un peu moins serrées et à pinnules plus courtes, provenant sans doute de la
région supérieure de la fronde, qui m'ont conduit à rechercher, dans les collections du Muséum, l'échantillon de Terrasson figuré par Brongniart sous le
nom de *Pec. aspidioides*. L'examen de celui-ci m'a montré qu'il appartenait

[1] *Flore foss. du terr. houill. de Commentry*, 1re part., p. 151.

3.

bien, comme j'avais été amené à le soupçonner, au *Pec. Daubreei :* le limbe en est nettement villeux, et, bien que la nervation soit presque indiscernable, on reconnaît en divers points des bifurcations des nervures secondaires. On ne saurait toutefois, malgré la constatation de cette identité, revenir au nom employé par Brongniart. Le *Pec. aspidioides* a été, en effet, établi par Sternberg sur une espèce de Radnitz, à laquelle le *Pec. Daubreei* ne saurait être assimilé, et Brongniart ne lui avait lui-même rapporté qu'avec doute l'échantillon de Terrasson.

J'ai reconnu la présence du *Pec. Daubreei* dans les localités suivantes : Cublac, la Villedieu, puits Camille, à 42^m,20 de profondeur; le Lardin; puits Sautet (près de la Combe-Ségerard); puits au Jus de Chabrignac; la Chapelle-aux-Brots; Châtres; la Cabane; et enfin niveau de 206 mètres du puits de Larche. Je n'en ai vu aucune empreinte dans l'étage des grès à *Walchia.*

PECOPTERIS (ASTEROTHECA) PLATONI. Grand'Eury.

1888. **Pecopteris Platoni.** Grand'Eury, *in* Zeiller, *Fl. foss. terr. houill. de Commentry,* 1re partie, p. 141, pl. XXII, fig. 5, 6. Grand'Eury, *Géol. et paléont. du bass. houill. du Gard,* p. 273, pl. XX, fig. 2, 3.

Des échantillons bien caractérisés de cette espèce, tant fertiles que stériles, ont été recueillis sur quelques points de la région de Brive : à la Villedieu (près de Cublac), où elle paraît rare, et à Peyrignac, dans le vallon de la Nuelle, où elle est, au contraire, assez abondante.

PECOPTERIS (SCOLECOPTERIS) POLYMORPHA. Brongniart.

1834. **Pecopteris polymorpha.** Brongniart, *Hist. végét. foss.,* I, p. 331, pl. 113.

Dans le bassin de Brive comme ailleurs, le *Pec. polymorpha* se montre extrêmement commun à la fois dans le Permien inférieur et dans le Houiller supérieur, et il n'est pas rare de le trouver fructifié. Il a été observé à Argentat, à Cublac, à la Tuilière, au puits Camille, au puits de Larche, niveaux de 430 mètres et de 206 mètres; au Lardin, à Lage, au puits Sautet; à Peyrignac; à la Chapelle-aux-Brots; à Châtres; à la Cabane; et dans les grès à *Walchia* au pont de Larche et à la ferme Morel, près de Lanteuil.

PECOPTERIS PSEUDO-BUCKLANDI. Andræ.

(Pl. V, fig. 5.)

1851. **Pecopteris pseudo-Bucklandii.** Andræ, *in* Germar, *Verst. d. Steink. v. Wettin u. Löbejün*, p. 106, pl. XXXVII.

Le *Pec. pseudo-Bucklandi* n'a été jusqu'à présent signalé, du moins à ma connaissance, que dans deux localités, à Löbejün et à Ilfeld, dans le terrain houiller supérieur. Il se peut, au surplus, qu'il ait été parfois confondu avec le *Pec. polymorpha*, auquel, au premier aspect, il ressemble beaucoup. Il s'en distingue en réalité par ses pinnules non contractées à la base, parfois légèrement soudées entre elles et à surface non bombée, et surtout par ses nervures secondaires beaucoup plus obliques et souvent une seule fois bifurquées.

M. Mouret en a recueilli à Peyrignac et à la Chapelle-aux-Brots quelques échantillons bien caractérisés, dont il m'a paru utile, vu la rareté de cette espèce, de faire figurer ici le mieux conservé.

PECOPTERIS BREDOVI. Germar.

(Pl. V, fig. 6.)

1845. **Pecopteris Bredovii.** Germar, *Verst. d. Steink. v. Wettin u. Löbejün*, p. 37, pl. XIV, fig. 1-3.

Si incomplet que soit le fragment de penne représenté sur la figure 6 de la planche V, je n'hésite pas à le rapporter au *Pec. Bredovi*, en raison des caractères bien nets de sa nervation; je ne connais en effet aucune autre espèce offrant des nervures secondaires aussi flexueuses. Cet échantillon concorde d'ailleurs exactement avec les figures données par Germar ainsi qu'avec celle qu'a publiée M. Weiss [1]. C'est malheureusement le seul de cette espèce qui ait été trouvé dans la Corrèze.

Il a été recueilli par M. Mouret à la Chapelle-aux-Brots.

[1] *Foss. Fl. d. jüngst. Steinkohl.*, pl. IX-X, fig. 5.

PECOPTERIS PINNATIFIDA. Gutbier (sp.).

(Pl. VI, fig. 1, 2.)

1835. **Neuropteris pinnatifida.** Gutbier, *Abdr. u. Verst. d. Zwick. Schwarzkohl.*, p. 61, pl. VIII, fig. 1-3; *Verst. d. Rothlieg. in Sachs.*, p. 13, pl. V, fig. 1-4.

J'avais jadis[1] rapporté à cette espèce des empreintes du Gourd-du-Diable que j'ai reconnu depuis lors, ainsi que je le dirai plus loin, appartenir au *Pec. leptophylla*. Les deux principales figures publiées par Gutbier de son *Neur. pinnatifida* m'ayant paru quelque peu différentes et me laissant incertain, j'ai eu recours à l'obligeance de M. H.-B. Geinitz, qui a bien voulu me communiquer l'échantillon type appartenant au musée de Dresde, et à qui je suis heureux d'adresser ici tous mes remerciements. J'ai pu, grâce à cette communication, constater que, malgré les différences qu'elles présentent, les deux figures en question[2] se rapportent l'une et l'autre à ce même échantillon, et que, si les pinnules sont représentées un peu trop étroites sur la figure de la flore de Zwickau, au moins, sur les pennes inférieures, la largeur en est peut-être, au contraire, légèrement exagérée sur la figure de la flore du Rothliegende; quant à la nervation, les dessins grossis de ce dernier ouvrage en donnent une idée assez exacte. La comparaison de certains des échantillons de la Corrèze avec cet échantillon type m'a, en même temps, permis de rapporter avec certitude quelques-uns d'entre eux au *Pec. pinnatifida*; la figure 1, planche VI, représente notamment l'un des mieux caractérisés, qui m'a été donné par M. Dessort et qui provient vraisemblablement du niveau de 206 mètres du puits de Larche.

Quant à l'échantillon de la figure 2, qui vient des grès à *Walchia*, j'ai pu, sur quelques pinnules, malgré le grain un peu grossier de la roche, en discerner suffisamment la nervation pour ne pas avoir de doute sur son attribution. Il présente ceci d'intéressant, que la penne inférieure du côté droit porte à sa base un groupe de quatre corps arrondis, pédicellés, très charbonneux, qui représentent évidemment des fructifications et qui ressemblent exactement, sauf leur moindre diamètre, aux fructifications figurées par Gutbier comme appartenant à son *Neur. pinnatifida*[3]. Il me paraît impossible de

[1] *Bull. Soc. Géol.*, 3e sér., VIII, p. 198.
[2] *Abdr. u. Verst. d. Zwick. Schwarzkohl.*, pl. VIII, fig. 1; et *Verst. d. Rothlieg.*, pl. V, fig. 1.
[3] *Verst. d. Rothlieg. in Sachs.*, pl. V, fig. 3, 4.

les considérer comme des synangium d'*Asterotheca* appartenant à une pinnule dont le limbe aurait accidentellement disparu; la disposition qu'affectent ces corps, et l'existence d'un limbe parfaitement conservé sur le reste de l'empreinte, rendent une telle hypothèse inadmissible, pour l'échantillon que je figure aussi bien que pour celui que représente la figure 4 de Gutbier. On a certainement affaire ici à des pennes fertiles normalement dépourvues de limbe, ou du moins à limbe profondément modifié, et parmi les types connus je ne vois que le seul genre *Crossotheca* auquel ces fructifications puissent être comparées [1], mais sans pouvoir nullement, faute de renseignements plus précis, affirmer qu'elles doivent lui être rapportées.

Dans tous les cas, ce mode de fructification si particulier ne me permet pas d'admettre, ainsi que l'ont fait la plupart des paléobotanistes, la réunion au *Pec. pinnatifida* des *Pec. fruticosa* et *Pec. Geinitzi* de Gutbier, ou du moins des pennes fertiles qu'il a figurées sous ces deux noms et qui offrent nettement les caractères du genre *Asterotheca*.

Le *Pec. pinnatifida* est fort rare aux environs de Brive; je ne l'ai observé qu'à la Cave, dans les grès à *Walchia*, et au puits de Larche, à un niveau qui reste un peu douteux, l'échantillon m'ayant été remis sans étiquette; je crois néanmoins, d'après l'examen de la roche, qu'il doit provenir de la couche de 206 mètres.

PECOPTERIS INTEGRA. Andræ (sp.).

1849. **Sphenopteris integra**. Andræ, *in* Germar, *Verst. d. Steink. v. Wettin u. Löbejün*, p. 67, pl. XXVIII, fig. 1-4.

Il n'a été trouvé, dans la région de Brive, qu'un très petit nombre d'empreintes de *Pec. integra*, et toutes assez incomplètes. Les unes viennent du puits Sautet, près de la Combe-Ségerard, et sont assez nettement caractérisées pour que leur détermination ne me laisse aucun doute; je serais moins affirmatif pour les autres, qui viennent de Peyrignac et sont trop fragmentaires pour être nommées avec une complète certitude.

---

[1] Voir notamment le *Crossotheca Crepini* Zeiller, *Fl. foss. du bass. houill. de Valenciennes*, pl. XIII, fig. 1.

PECOPTERIS (PTYCHOCARPUS) UNITA. Brongniart.

1835 ou 1836. **Pecopteris unita.** Brongniart, *Hist. végét. foss.*, I, p. 342, pl. 116, fig. 1-5.

Le *Pecopteris unita* est extrêmement répandu dans la région de Brive, aussi bien dans les couches les plus basses du Permien que dans les couches houillères supérieures; il s'y montre sous toutes ses formes, tantôt avec des pinnules libres sur la plus grande partie de leur hauteur, tantôt avec des pinnules soudées les unes aux autres presque jusqu'à leur sommet. Cette dernière forme, qui est celle qu'on observe sur les pennes les plus rapprochées du haut de la fronde, paraît même, au moins sur certains points, notamment au puits de Larche et à Châtres, plus abondante que l'autre; la plupart des spécimens de ces deux localités sont, notamment, bien conformes aux échantillons à pennes simplement crénelées, figurés par Germar sous le nom de *Pec. longifolia*[1]. Il est impossible cependant de songer à les distinguer spécifiquement du *Pec. unita,* mais il se peut que, chez certains individus, les pinnules aient été soudées non seulement vers le haut de la fronde, mais sur la plus grande partie de son étendue, et que cette forme se soit montrée, au début de l'époque permienne, plus commune que la forme normale.

J'ai reconnu la présence du *Pec. unita* dans les localités suivantes : Cublac, Loubignac, le Lardin; puits Sautet (près de la Combe-Ségerard); puits au Jus de Chabrignac; Châtres; la Cabane, autant qu'on peut juger toutefois d'après des échantillons très fragmentaires; et niveau de 206 mètres du puits de Larche.

PECOPTERIS MONYI. Zeiller.

1888. **Pecopteris Monyi.** Zeiller, *Fl. foss. terr. houill. de Commentry,* 1re partie, p. 169, pl. XVII, fig. 3, 4.

Le *Pec. Monyi,* découvert à Commentry et retrouvé récemment dans le Permien inférieur du Portugal par M. W. de Lima[2], ne s'est montré dans la Corrèze que sur un seul point, à la Chapelle-aux-Brots, où M. Mouret en a recueilli quelques fragments de pennes bien caractérisés.

---

[1] *Verst. d. Steink. v. Wettin u. Löbejün,* pl. XIII, fig. 1 à 3.
[2] W. de Lima, *Noticia sobre as camadas da serie permo-carbonica do Bussaco,* p. 13.

PECOPTERIS FEMINÆFORMIS. Schlotheim (sp.).

(Pl. VI, fig. 4 à 6.)

1820. **Filicites fœminæformis.** Schlotheim, *Petrefactenkunde*, p. 407, pl. IX, fig. 16.

Le *Pec. feminæformis* se rencontre dans la région de Brive sous deux formes assez différentes au premier abord : l'une est la forme normale, à pinnules dentelées sur le bord et soudées les unes aux autres sur une faible hauteur seulement; l'autre présente des pinnules à bord entier ou à peine denticulé, soudées entre elles sur la moitié de leur hauteur et souvent davantage. La comparaison de cette dernière forme avec des échantillons de Wettin, appartenant aux collections du Muséum, m'a montré leur identité avec la fougère de cette dernière localité que Germar a décrite et figurée sous le nom de *Pecopteris elegans* [1] et que j'avais signalée récemment comme me paraissant constituer un type spécifique distinct. J'avais fait observer, en effet [2], qu'en raison surtout des caractères de sa nervation, le *Pec. elegans* de Germar devait être considéré comme une espèce différente du *Polypodites elegans* Gœppert, établi sur le *Pec. arguta* Brongniart, dont j'avais reconnu l'identité avec le *Filicites fœminæformis* de Schlotheim. Mais l'examen des échantillons de Wettin m'a montré que les caractères de nervation indiqués par les figures de Germar n'étaient pas exactement conformes à la réalité : les nervures secondaires de deux pinnules contiguës, au lieu de s'unir bout à bout sur la ligne de suture de ces pinnules, comme le représentent ces figures, aboutissent en fait, comme chez le *Pec. feminæformis*, au bord libre du limbe, et l'erreur commise par Germar résulte de ce que les bords de deux pinnules consécutives se touchent sur une hauteur plus ou moins grande au-dessus du point réel de soudure correspondant à l'extrémité des nervures basilaires. C'est ce qui a lieu, par exemple, sur divers points de l'échantillon (fig. 5, pl. VI), comme le montre la figure grossie 5 A. Il en est de même sur l'échantillon (fig. 4), provenant de Wettin, et bien conforme à la figure 1 de Germar; mais le contour même du limbe y est assez difficile à distinguer; les nervures, très larges et aplaties, ne laissent entre elles qu'un intervalle à peine perceptible, et c'est seulement sur quelques points, notamment sur les pennes inférieures, qu'on peut discerner nettement le contour des pinnules, tel que l'indique la fig. 4 A.

[1] *Verst. d. Steink. v. Wettin u. Löbejün*, p. 39, pl. XV, fig. 1, 2.

[2] *Flore foss. du terr. houill. de Commentry*, 1re part., p. 177-178.

Sur bon nombre de ces pinnules, les nervures semblent faire une légère saillie au delà du bord du limbe, qui paraît alors finement denticulé.

C'est également ce qui a lieu, mais d'une façon beaucoup plus nette, sur l'échantillon (fig. 6), où la dentelure du limbe s'accentue de plus en plus à mesure qu'on approche de l'extrémité des pennes; on revient ainsi graduellement à la forme normale, à limbe manifestement dentelé, à pinnules moins complètement soudées et à nervures moins serrées, qui s'observe également à Wettin en mélange avec l'autre.

La transition qui s'établit ainsi entre les deux formes extrêmes ne semble pas permettre de les séparer spécifiquement; elles doivent correspondre simplement à ce qu'on observe chez le *Pec. unita,* où, sur certaines pennes, les pinnules sont libres sur plus des trois quarts de leur hauteur, tandis que, sur d'autres, elles se soudent les unes aux autres presque jusqu'à leur sommet.

Toutefois, comme la forme à pinnules soudées du *Pec. feminæformis* ne paraît pas accompagner partout la forme normale, qu'elle semble même ne se montrer que dans des localités appartenant à la région la plus élevée du Houiller supérieur, il faut, je crois, la regarder comme constituant, sinon une variété, du moins une forme spéciale, que je désignerai sous le nom de *diplazioides.*

Le *Pec. feminæformis* a été observé sous sa forme normale à Cublac, au Lardin et dans les grès de la Cabane, et sous la forme *diplazioides* dans le vallon de la Nuelle et à l'étage de 43o mètres du puits de Larche, ainsi qu'à l'étage de 2o6 mètres de ce même puits, où l'on trouve en même temps des passages entre ces deux formes.

PECOPTERIS (DACTYLOTHECA) DENTATA. Brongniart.

(Pl. II, fig. 1 à 5.)

1834. **Pecopteris dentata.** Brongniart, *Hist. vég. foss.,* I, pl. 124; p. 346; pl. 123, fig. 1-5.

Il a été recueilli dans la région de Brive, non seulement dans les couches houillères, mais à la base du Permien, au niveau de 2o6 mètres du puits de Larche, un assez grand nombre d'empreintes qui ne peuvent être rapportées qu'au *Pec. dentata.* Elles présentent toutefois, comparées à la forme normale du Houiller moyen et de la région inférieure du Houiller supérieur, quelques différences qui me paraissent de nature à les faire considérer comme constituant une variété particulière, que je désignerai sous le nom de *Pec. dentata,* var. *obscura :* les pinnules, tout au moins sur les pennes secondaires moyennes, sont légèrement contractées à la base et plus ou moins imbriquées, le bord antérieur de chacune d'elles recouvrant en partie le bord postérieur de celle qui la suit, ainsi que le montrent notamment les figures 3, 4, 4 A de la planche II; de plus, la nervure médiane de chaque pinnule est nettement décurrente à la base, et les nervures secondaires, presque noyées dans le parenchyme, sont difficilement discernables. Ce sont surtout ces deux derniers caractères, décurrence de la nervure médiane et obscurité de la nervation, qui distinguent cette forme de la forme normale, sans cependant qu'on puisse leur attribuer une valeur spécifique. La fructification semble aussi quelque peu différente, le limbe des pennes et pinnules fertiles paraissant, du moins sur l'échantillon (fig. 2, pl. II), beaucoup plus réduit que sur les échantillons fructifiés du Houiller moyen que j'ai eus entre les mains [1]; mais il se peut que ces différences dépendent simplement du degré de développement, et l'on ne peut dès lors y attacher grande importance.

Les travaux de recherche entrepris par M. Dessort au niveau de 206 mètres du puits de Larche ont permis de récolter un grand nombre de beaux échantillons de ce *Pec. dentata,* var. *obscura,* appartenant aux diverses régions de la fronde, et dont plusieurs offrent le rachis principal, garni des *Aphlebia* ou pennes anomales fixées sur lui à la base de chacune des pennes primaires. L'examen de ces échantillons m'a montré, ce qui, à ma connaissance, n'avait pas encore été signalé, que ces *Aphlebia* sont, non pas isolés, mais disposés par paires à l'origine de chaque penne, l'un sur la face antérieure du rachis et l'autre sur la face postérieure. C'est ce qu'établissent nettement les figures 3 et 4 de la planche II, représentant l'empreinte et la contre-empreinte d'un même fragment appartenant à la région moyenne de la fronde. Sur l'échantillon fig. 4, les rachis secondaires et tertiaires sont canaliculés, et, comme les pinnules qui s'attachent à ces derniers possèdent encore leur limbe, transformé en une mince lame charbonneuse, il n'est pas douteux qu'on ait affaire à la face supérieure de la feuille. Le rachis primaire est conservé, comme on le voit sur le haut de la figure, sous la forme d'une lame charbonneuse assez épaisse, dont il reste également quelques fragments vers le bas; or l'enlèvement de cette lame charbonneuse, en mettant à nu l'empreinte de la face *inférieure* du rachis, a fait découvrir à la base de chaque

---

[1] *Bassin houiller de Valenciennes, Flore fossile,* p. 199, pl. XXVI, fig. 2.

4.

penne primaire un *Aphlebia*, recouvert seulement d'une légère pellicule
schisteuse interposée entre le rachis et lui, pellicule qu'il a été possible de
faire sauter en grande partie, de manière à rendre ces *Aphlebia* visibles sur
presque toute leur étendue, ainsi qu'on le voit sur la figure 4. D'autre part,
sur l'échantillon de la figure 3, qui représente la contre-partie du précédent
et offre ainsi l'empreinte laissée sur la roche par la face *supérieure*, on trouve
également, le long du rachis principal, et séparés de lui par une mince lamelle
de schiste, une série d'*Aphlebia* situés à la base de chaque penne primaire.
Ceux-ci étaient donc fixés à la face supérieure du rachis et indépendants de
ceux de la face inférieure. Il y en avait ainsi *deux* à la naissance de chaque
penne : un par-dessus et l'autre par-dessous.

Je rappellerai que cette disposition par paires a été également constatée
pour les *Aphlebia* du *Diplotmema Zeilleri* Stur [1].

Sur l'échantillon (fig. 1), qui appartient à une région plus élevée de la
fronde et qui montre, comme celui de la figure 4, la face supérieure du
limbe, le rachis principal était enlevé et avait laissé, correspondant à sa face
inférieure, une empreinte à peu près unie, sans trace d'*Aphlebia;* il a suffi
de faire sauter une mince pellicule de schiste pour faire apparaître ceux-ci à
la base de chaque penne, tels qu'on les voit sur la figure 1.

C'est la présence de ces mêmes *Aphlebia* qui m'a permis de reconnaître,
comme appartenant encore à cette espèce, l'échantillon fructifié (fig. 2), sur
lequel on ne discerne aucune trace du limbe, soit que celui-ci ait été normalement très réduit, soit peut-être qu'il ait été détruit ou bien qu'il soit resté
dans la roche de la contre-empreinte. Les sporanges, coriaces, sans anneau,
offrent tous les caractères de ceux du genre *Dactylotheca;* ils ne diffèrent
de ceux du *Pec. dentata* normal que parce qu'ils sont à la fois plus larges
et plus courts, par conséquent moins effilés, et qu'ils sont en outre plus nombreux et plus étroitement serrés les uns contre les autres, de telle sorte qu'ils
paraissent disposés sans aucun ordre. Il se peut, ainsi que je l'ai dit tout à
l'heure, que cela tienne simplement à un degré de maturité plus avancé ou à un
plus grand développement; il n'y aurait là qu'un fait analogue à celui qui se
produit fréquemment chez divers *Asplenium* vivants, où, lorsque les fructifications sont très développées, les sores arrivent presque à se confondre et à
couvrir toute la face inférieure du limbe, si bien qu'il devient fort difficile

---

[1] *Bassin houiller de Valenciennes, Flore fossile*, p. 151, 153, pl. XVI, fig. 1.

de reconnaître la disposition linéaire, suivant le cours des nervures, qu'ils affectent en réalité et qui est caractéristique du genre.

Au sujet de la présence du *Pec. dentata* à un niveau aussi élevé que celui où on le rencontre dans la Corrèze, je rappellerai qu'il a déjà été signalé par divers auteurs dans des couches appartenant à la partie la plus élevée du Houiller supérieur ou même au Permien, notamment par M. H.-B. Geinitz à Oberhohndorf et au Plauen'sche Grund en Saxe [1], par M. Weiss dans l'étage de Cusel du bassin de la Sarre [2], et par Brongniart à Lodève [3].

Dans la région de Brive, je ne l'ai rencontré que sous la forme particulière que j'ai définie tout à l'heure comme var. *obscura*, et seulement dans un petit nombre de localités : à Cublac, à la Chapelle-aux-Brots et au niveau de 206 mètres du puits de Larche; je crois pouvoir également lui rapporter certaines empreintes, malheureusement mal conservées, du pont de Larche.

PECOPTERIS BIOTI. Brongniart.

1834. **Pecopteris Bioti.** Brongniart, *Hist. végét. foss.*, I, pl. 117, fig. 1, p. 341.

Je rapporte à cette espèce, très voisine du *Pec. dentata* et appartenant très probablement comme lui au genre *Dactylotheca* par son mode de fructification, quelques empreintes, toutes assez fragmentaires, recueillies, tant par M. Delas que par M. Mouret, à Argentat, au Lardin et à Peyrignac. M. Grand'-Eury l'a également observée à Cublac [4].

PECOPTERIS BEYRICHI. Weiss (sp.).

(Pl. VI, fig. 3.)

1869. **Cyatheites Beyrichi.** Weiss, *Foss. Fl. d. jüngst. Steinkohl.*, p. 70, pl. VIII, fig. 1.

Je rapporte au *Pec. Beyrichi* deux ou trois empreintes recueillies par M. Mouret dans les argilites de Peyrignac, et dont la plus belle est représentée à la figure 3, planche VI. Elle diffère un peu de la figure type du *Cyatheites Beyrichi*, particulièrement en ce que les pinnules de ce dernier, à en juger surtout par les figures grossies, seraient moins élargies à leur base

[1] *Verst. d. Steinkohl. in Sachsen*, p. 26.
[2] *Foss. Fl. d. jüngst. Steinkohl.*, p. 86-87; p. 238.
[3] *Tabl. des genr. de végét. foss.*, p. 100.
[4] *Flore carb. du dép. de la Loire*, p. 529.

et moins profondément lobées; mais si l'on examine les pennes secondaires les plus inférieures du fragment de fronde représenté par M. Weiss, on y voit précisément des pinnules à contour plus triangulaire et à lobes plus accentués que sur le reste de l'échantillon; je crois donc que les différences qu'on remarque sur l'empreinte (fig. 3, planche VI), doivent tenir simplement à ce qu'on a affaire à une penne primaire plus rapprochée de la base de la fronde. La nervation est, du reste, bien conforme à celle du *Cyatheites Beyrichi*, et, de plus, on retrouve ici, nettement accentué, un caractère important de ce dernier, à savoir, l'étroite bande de limbe qui s'étend le long du rachis, vers l'extrémité des pennes primaires, entre les bases des pennes secondaires, et sur laquelle les pinnules inférieures de ces dernières semblent comme appliquées (pl. VI, fig. 3 A, 3 B). Je crois donc pouvoir conclure formellement à l'identité spécifique.

Il y a, il est vrai, une autre espèce à laquelle on pourrait songer à comparer cet échantillon de Peyrignac, c'est le *Pec. Schimperiana* Fontaine et White, du Permien des États-Unis [1]; mais il a les nervures beaucoup plus serrées, plus ramifiées et moins obliques sur le bord du limbe; les pinnules sont tout à fait planes; enfin le rachis n'est pas ailé entre les pennes supérieures; l'identification n'est donc pas possible, malgré une certaine ressemblance de forme.

On remarque, sur les pinnules du fragment de penne de la figure 3, de petites ponctuations verruqueuses, disséminées çà et là sur le limbe et sur le rachis (fig. 3 A à 3 D), qui ne peuvent être considérées que comme des champignons parasites analogues à l'*Excipulites Neesi* Gœppert. Elles ressemblent surtout à celles que j'ai observées à Commentry sur diverses pennes de *Pecopteris Sterzeli* et de *Sphenopteris Decorpsi* [2], et n'en diffèrent que par leur diamètre sensiblement moindre.

Le *Pec. Beyrichi*, que M. Weiss n'a observé que dans l'étage permien de Lebach, n'a été rencontré, aux environs de Brive, que dans les argilites de Peyrignac, qui paraissent devoir être classées tout à fait au sommet de la formation houillère supérieure.

---

[1] Fontaine et White, *Permian Flora*, p. 75, pl. XXIV, fig. 1-5.
[2] *Flore foss. du terr. houill. de Commentry*, 1ᵉ part., pl. V, fig. 1, 1 B, 3, 3 A, 4.

PECOPTERIS STERZELI. Zeiller.

1888. **Pecopteris Sterzeli.** Zeiller, *Fl. foss. terr. houill. de Commentry*, 1ʳᵉ partie, p. 178, pl. V, fig. 1, 2; pl. VI, fig. 1, 2; pl. VII, fig. 1-3; pl. VIII, fig. 1, 2.

J'ai reconnu, parmi les empreintes du bassin de Brive qui m'ont été envoyées tant par M. J. Delas que par M. Mouret, un certain nombre de fragments de pennes de cette belle espèce, bien conformes aux échantillons de Commentry et montrant généralement d'une façon très nette les dentelures obtuses du bord de leur limbe. La présence du *Pec. Sterzeli* a pu être ainsi constatée à Cublac, au puits (Sautet près de la Combe-Ségerard), à Peyrignac et au puits au Jus de Chabrignac. Il est probable, en outre, d'après des échantillons malheureusement très incomplets et mal conservés, qu'il doit se trouver au niveau de 206 mètres du puits de Larche.

PECOPTERIS LEPTOPHYLLA. Bunbury.

(Pl. VII, fig. 1 à 5.)

1853. **Pecopteris leptophylla.** Bunbury, *Quart. Journ. Géol. Soc.*, IX, p. 144, pl. VII, fig. 11.
1880. **Pecopteris pinnatifida.** Zeiller (*non* Gutbier sp.), *Bull. Soc. Géol.*, 3ᵉ série, VIII, p. 198.

J'avais, il y a quelques années, rapporté au *Pec. pinnatifida* les premiers échantillons de cette espèce récoltés à la carrière du Gourd-du-Diable par M. Mouret. Depuis lors, des spécimens plus complets, que j'ai reçus de lui ainsi que de M. Delas, sont venus m'inspirer des doutes, et l'examen du type même du *Neuropteris pinnatifida* de Gutbier, qui m'a été communiqué par M. H.-B. Geinitz, m'a prouvé qu'en effet ma première détermination était erronée. D'autre part, ayant eu récemment entre les mains, grâce à l'affectueuse obligeance de M. W. de Lima, de nombreuses empreintes de Bussaco, j'ai reconnu que la fougère du Gourd-du-Diable n'était autre chose que le *Pec. leptophylla,* non signalé encore en dehors de cette unique localité du Portugal, et dont Bunbury n'avait figuré qu'un échantillon très fragmentaire. Les nombreux spécimens qui en ont été recueillis dans la Corrèze me permettent de faire connaître plus complètement cette intéressante espèce, dont les figures 1 à 5 de la planche VII représentent des fragments de pennes appartenant à diverses régions de la fronde.

L'examen de ces figures montre que le *Pec. leptophylla* présente avec le

Pec. Sterzeli la plus grande ressemblance au point de vue de la constitution de la fronde, de la disposition et de la forme des pennes de différents ordres. Les variations qu'on observe, de l'un à l'autre des échantillons représentés sur la planche VII, dans la longueur et le degré de division des segments de dernier ordre prouvent qu'il s'agit là de pennes primaires placées à des hauteurs différentes, les plus découpées étant naturellement les plus rapprochées de la base. Ainsi la figure 4 montre un fragment d'une penne secondaire provenant de la région la plus divisée de la fronde : aucune des nombreuses empreintes recueillies n'offre en effet de segments de dernier ordre dépassant en longueur ceux de la figure 4, ni pourvus d'un plus grand nombre de lobes. La penne primaire de la figure 5 devait également être située non loin de la base de la fronde, tandis que celle de la figure 3, avec ses segments de dernier ordre beaucoup moins développés déjà (fig. 3 B, 3 A), appartenait à la région moyenne; on remarque, à l'extrémité gauche de cette dernière, le reploiement en arrière des pennes secondaires inférieures, disposition identique à celle qu'on observe chez le *Pec. Sterzeli* [1]. La figure 1 fait voir la région supérieure d'une autre penne primaire, placée à peu près à la même hauteur ou un peu plus haut que celle de la figure 3. Enfin la figure 2 montre la terminaison d'une penne primaire probablement plus rapprochée encore du sommet de la fronde.

Si l'on compare ces figures avec celles que j'ai données du *Pec. Sterzeli*, on reconnaît que le *Pec. leptophylla*, tout en se rapprochant beaucoup de celui-ci, en diffère cependant par quelques caractères : tout d'abord, ses frondes devaient avoir des dimensions sensiblement moindres; de plus, la forme des pennes n'est pas exactement la même. Les pennes secondaires se montrent en effet ici plus exactement linéaires, conservant la même largeur sur presque toute leur étendue; les segments de dernier ordre sont aussi plus linéaires, et toujours assez nettement contractés à la base, tandis que ceux du *Pec. Sterzeli* affectent en général un contour plus triangulaire, s'élargissent vers le bas et se soudent plus largement les uns aux autres; les sinus séparatifs des lobes sont, en outre, moins profonds chez le *Pec. leptophylla*, et, ce qui est important, les lobes sont toujours absolument entiers et ne présentent jamais sur leurs bords ces sinuosités, ces dentelures obtuses ou même obtusément aiguës, qu'on observe invariablement chez le *Pec. Ster-*

---

[1] *Flore foss. du terr. houill. de Commentry*, 1ʳᵉ part., pl. VII, fig. 1, fig. 3′; pl. VIII, fig. 1.

zeli lorsqu'on a affaire à des échantillons à limbe délicat, comme le sont tous ceux du *Pec. leptophylla*. L'identification n'est donc pas possible, mais il est certain que les deux espèces sont étroitement alliées.

J'ai dit plus haut que le *Pec. leptophylla* n'avait été, jusqu'à présent, signalé qu'à Bussaco, en Portugal, dans des couches que M. de Lima a reconnues comme appartenant au Permien inférieur[1]. Gomes l'a cependant indiqué comme trouvé également par lui dans le Houiller supérieur de San-Pedro-da-Cova[2]; mais les figures qu'il a données des échantillons de cette localité, montrant de grandes pinnules entières, courbées en faux et à sommet très aigu, prouvent à l'évidence que ceux-ci appartiennent à une tout autre espèce. Il a, en outre, rapproché du *Pec. leptophylla*, sans l'identifier toutefois formellement à cette espèce, une autre empreinte de San-Pedro-da-Cova[3], pour laquelle on pourrait peut-être hésiter davantage; mais M. de Lima ayant retrouvé l'échantillon original, nous avons pu l'examiner en commun, et nous avons constaté qu'il appartenait en réalité au *Sphenopteris cristata*. Il faut donc exclure, comme provenance, cette localité de San-Pedro, où les recherches poursuivies par M. de Lima ne lui ont, d'ailleurs, fait découvrir aucune trace de l'espèce en question.

Le *Pec. leptophylla* a été trouvé en grande abondance à la carrière du Gourd-du-Diable, près Brive, dans l'étage des grès à *Walchia;* mais c'est, jusqu'à présent, le seul point de la région où l'on ait constaté sa présence.

Genre CALLIPTERIDIUM. Weiss.

CALLIPTERIDIUM PTERIDIUM. Schlotheim (sp.).

1820. **Filicites pteridius.** Schlotheim, *Petrefactenkunde*, p. 406, pl. XIV, fig. 27.

Cette espèce a été reconnue sur divers points de la région de Brive, mais seulement dans les dépôts franchement houillers, bien que sa présence ait été constatée ailleurs, aux environs d'Autun notamment, dans des couches appartenant déjà au Permien. Les échantillons recueillis dans la Corrèze

[1] W. de Lima, *Noticia sobre as camadas da serie permo-carbonica do Bussaco*, p. 23; *Bull. Soc. Géol.*; 3e sér., XIX, p. 136.
[2] B. A. Gomes, *Vegetaes fosseis; Flora fossil do terreno carbonifero das visinhanças do Porto, Serra do Bussaco, e Moinho d'Ordem proximo a Alcacer do Sal* (1865), p. 22-23, pl. III, fig. 2, 3.
[3] Id., *ibid.*, p. 24, pl. III, fig. 1.

II. 5

n'ont donné lieu, au surplus, à aucune observation qui mérite d'être signalée.

Les localités où ont été trouvées ces empreintes de *Callipteridium pteridium* sont : le bassin d'Argentat, celui de la Capelle-Marival, les couches rencontrées par le puits Sautet (près de la Combe-Ségerard), et la deuxième couche explorée aux Parjadis par M. Dessort.

CALLIPTERIDIUM GIGAS. Gutbier (sp.).

1849. **Pecopteris gigas.** Gutbier, *Verst. d. Rothl. in Suchs.*, p. 14, pl. VI, fig. 1-3, (*an* pl. IX. fig. 8 ?).

Je mentionne ici cette espèce, que je n'ai pas vue moi-même dans la région, comme ayant été observée par M. Grand'Eury[1] à Cublac, où sa présence n'a d'ailleurs rien de surprenant, puisqu'elle a été rencontrée déjà à diverses reprises dans les couches les plus élevées du Houiller supérieur.

Genre CALLIPTERIS. Brongniart.

CALLIPTERIS CONFERTA. Sternberg (sp.).

(Pl. VIII, fig. 1, 2.)

1826. **Neuropteris conferta.** Sternberg, *Ess. Fl. monde prim.*, I, fasc. 4, p. xvii; II, fasc. 5-6, p. 75, pl. XXII, fig. 5.

Le *Callipteris conferta* a été recueilli en abondance sur quelques points de la région de Brive, notamment au niveau de 206 mètres du puits de Bernou, dans les recherches entreprises par M. Dessort au voisinage de Larche. La présence, dans ces couches à facies houiller, de ce type spécifique, qui, de même que tous les autres *Callipteris*, paraît appartenir en propre au Permien, présentant, à ce titre, un véritable intérêt, il ne m'a pas semblé inutile de reproduire, à la figure 1 de la planche VIII, une portion d'une des plus belles empreintes de cette provenance, dont l'attribution ne saurait donner prise à aucun doute : l'échantillon, dans son entier, montre un fragment de fronde long de 0^m,30 et portant d'un même côté 19 pennes consécutives, dont les plus longues, vers le milieu de la

---

[1] *Flore carb. du dép. de la Loire*, p. 529 (*Alethopteris gigas*).

fronde, dépassent o^m,10; la base et le sommet manquent malheureusement. La portion figurée est prise au voisinage de l'extrémité supérieure.

Avec la forme normale, on a trouvé au puits de Larche divers spécimens d'une variété dont je dirai tout à l'heure quelques mots.

Cette même espèce a été trouvée également, bien conforme au type habituel, dans les schistes de Châtres, qui me paraissent devoir, en conséquence, être rangés dans le Permien. Elle s'est montrée aussi, bien que rare, au Gourd-du-Diable.

Callipteris conferta, var. *polymorpha*. — M. Sterzel a distingué sous ce nom [1] une forme qui, par ses grandes pinnules à bords crénelés, rappelle quelque peu le *Callipteris sinuata* Brongniart (sp.) et le *Callipteris prælongata* Weiss, deux espèces du Permien de la Sarre très probablement identiques l'une à l'autre; il s'en distingue toutefois par ses pennes graduellement rétrécies vers le sommet et par sa nervation moins fine et moins serrée. On peut rapporter à cette variété divers échantillons du puits de Larche, niveau de 206 mètres, dont la figure 2 de la planche VIII représente l'un des mieux caractérisés.

Certaines des empreintes de Châtres se rapprochent aussi un peu de cette même variété, par les crénelures légères que présentent leurs pinnules, mais les dimensions restent conformes au type normal.

CALLIPTERIS SUBAURICULATA. Weiss (sp.).

1869. **Cyatheites subauriculatus.** Weiss, *Foss. Fl. d. jüngst. Steinkohl.*, p. 71, pl. IV-V, fig. 3.

Je rapporte à cette espèce diverses pennes détachées que M. Mouret a recueillies dans la carrière du Gourd-du-Diable et dont les pinnules, à contour ovale, un peu rétrécies en coin vers la base, présentent souvent sur leur bord postérieur une légère échancrure donnant naissance à un lobe basilaire peu accentué; la présence de ce lobe basilaire, qui a motivé le choix du nom spécifique, n'est d'ailleurs pas plus constante sur les échantillons de la Corrèze que sur ceux du bassin d'Autun que j'ai eus entre les mains [2]. Sur une

[1] *Die Flora des Rothliegenden im nordwest. Sachsen*, p. 46, pl. V, fig. 4; pl. VI, fig. 2, 3; pl. VII, fig. 1, 2.

[2] *Bass. houiller et permien d'Autun et d'Épinac, Flore foss.*, 1re part., p. 95-96, pl. VII, fig. 1, 2.

seule des empreintes de M. Mouret, les pennes sont encore en place le long du rachis primaire.

CALLIPTERIS CURRETIENSIS. Zeiller. n. sp.

(Pl. VIII, fig. 3, 4.)

1880. **Eremopteris crassinervia.** Zeiller (*non* Gœppert sp.), *Bull. Soc. Géol.*, 3ᵉ série, VIII, p. 198.

Frondes tripinnatifides. Rachis primaire assez large, strié longitudinalement. Pennes primaires obliques sur le rachis, parfois un peu arquées en arrière, se touchant par leurs bords, à contour linéaire, larges de 12 à 20 millimètres.

Pinnules étalées-dressées, nettement décurrentes sur le rachis, se touchant par leurs bords, *à contour linéaire*, longues de 5 à 12 millimètres sur 3 à 5 millimètres de largeur, *arrondies au sommet*, pinnatifides, *divisées en 5 à 13 lobes obliques, à contour ovale-cunéiforme, arrondis ou obtusément tronqués au sommet, presque contigus*, assez fortement *bombés; lobe basilaire* du côté inférieur *moins développé que les suivants*, arrondi, *se prolongeant vers le bas sur le rachis.*

Nervation assez peu distincte; *nervure médiane faiblement décurrente* à la base ; *nervures secondaires faiblement saillantes, arquées, simples ou bifurquées.*

L'aspect de cette espèce varie sensiblement suivant sa conservation : sur les points où le limbe est encore représenté par une mince lame charbonneuse, comme il arrive pour les pinnules inférieures de la penne (fig. 4, pl. VIII), les lobes de ces pinnules apparaissent bien distincts, séparés les uns des autres par d'étroits et profonds sinus très arqués; au contraire, lorsque cette lame charbonneuse a disparu, ce qui est le cas pour la plus grande partie du fragment de fronde (fig. 3), on croirait avoir affaire à des pinnules simplement crénelées sur les bords, comme le sont celles du *Sphenopteris crassinervia* Gœppert[1], auquel j'avais jadis rapporté cet échantillon.

Mais, outre ce caractère, qui pourrait aussi dépendre d'une conservation imparfaite, le *Callipteris crassinervia* se distingue de l'espèce que je viens

[1] *Foss. Fl. der perm. Formation*, p. 90, pl. IX, fig. 9, 10.

de décrire par le développement plus grand du lobe ou des lobes basilaires de chaque pinnule, qui, au lieu d'être réduits comme ici à une légère oreillette arrondie, sont beaucoup plus allongés, arqués en arrière et très semblables à ceux du *Call. Naumanni*, dont l'espèce de Gœppert est, en somme, extrêmement voisine.

Comparé au *Call. Naumanni*, le *Call. Curretiensis*, outre la forme et le moindre développement du lobe basilaire, a les lobes de ses pinnules plus arqués, plus indépendants les uns des autres, plus fortement contractés à la base et plus arrondis au sommet; même lorsqu'ils sont obtusément tronqués, ils n'offrent jamais les échancrures que montrent presque toujours ceux du *Call. Naumanni*.

Cette espèce, dont j'ai tiré le nom de celui de la rivière de Corrèze (*Curretia*), a été rencontrée par M. Mouret dans la carrière du Gourd-du-Diable, et je crois devoir lui rapporter également un *Callipteris* trouvé dans les schistes du pont de Larche; malheureusement, la conservation de celui-ci est si imparfaite, que la détermination générique en est seule indiscutable : le contour des pinnules, avec ses crénelures arrondies, paraît bien identique à ce qu'on observe chez le *Call. Curretiensis*, mais l'attribution spécifique en reste néanmoins quelque peu douteuse.

CALLIPTERIS NAUMANNI. Gutbier (sp.).

1849. **Sphenopteris Naumanni**. Gutbier, *Verst. d. Rothl. in Sachs.*, p. 11, pl. VIII, fig. 1-6.

J'ai reconnu, parmi les empreintes du Gourd-du-Diable et parmi celles de la Cave, quelques fragments de frondes ou portions de pennes de cette espèce, bien caractérisés par les lobes linéaires et fortement dressés de leurs pinnules, ainsi que par la forme et la disposition des lobes basilaires, insérés sur le rachis entre deux pinnules consécutives.

CALLIPTERIS DIABOLICA. Zeiller. n. sp.

(Pl. VIII, fig. 5.)

Frondes tripinnatifides. Rachis de divers ordres striés longitudinalement et probablement munis d'écailles ou de poils. *Pennes primaires* très étalées, *ne se touchant pas par leurs bords, à contour ovale-linéaire,* longues d'environ 5 à 6 centimètres sur 10 à 15 millimètres de largeur.

Pinnules étalées, décurrentes sur le rachis, *se touchant à peine* par leurs bords, *à contour linéaire*, longues de 5 à 8 millimètres sur 2 à 4 millimètres de largeur, *profondément pinnatifides, divisées en 7 à 11 lobes* obliques, *à contour ovale*, faiblement rétrécis vers la base, arrondis au sommet, séparés les uns des autres par de profonds sinus aigus et *ne se touchant pas* par leurs bords; lobe terminal cunéiforme, à peine plus développé que ceux qui le précèdent; *lobe basilaire* du côté inférieur *attaché directement sur le rachis* un peu au-dessous de la base de la pinnule.

Nervation peu nette; *nervures secondaires* obliques, *arquées*, simples ou bifurquées.

Cette espèce, évidemment de petite taille et à fronde très finement découpée, ne peut guère être rapprochée que du *Call. Naumanni*, dont elle diffère par les moindres dimensions de toutes ses parties, par ses pinnules plus linéaires, à lobes mieux séparés les uns des autres, et par la position du lobe basilaire, presque indépendant, en apparence, de la pinnule à laquelle il doit être rattaché. A cet égard, le *Call. diabolica* rappelle le *Call. lyratifolia*, et pourrait presque être considéré comme ayant une fronde tripinnée, ses pinnules profondément pinnatifides étant alors envisagées comme des pennes garnies de très petites pinnules, et leurs lobes basilaires comme des pinnules indépendantes fixées directement sur le rachis; mais, comme je l'ai dit ailleurs à propos du *Call. lyratifolia* [1], une telle interprétation serait moins conforme aux affinités de cette espèce avec celles dont elle se rapproche le plus, telles, notamment, que le *Call. Naumanni*.

J'ajouterai que les rachis du *Call. diabolica* paraissent, autant que la conservation des échantillons permet d'en juger, avoir été hérissés de petits poils ou écailles qu'on ne voit ni chez le *Call. lyratifolia*, ni chez le *Call. Naumanni*, et qui constitueraient encore un caractère distinctif.

Je n'ai observé cette espèce que dans les grès du Gourd-du-Diable, et le nom que je lui ai imposé est tiré de celui de cette localité.

[1] *Bassin houiller et permien d'Autun et d'Épinac, Flore foss.*, 1re part., p. 105.

Genre ALETHOPTERIS. Sternberg.

ALETHOPTERIS GRANDINI. Brongniart (sp.).

1832 ou 1833. **Pecopteris Grandini.** Brongniart, *Hist. végét. foss.*, I, p. 286, pl. 91, fig. 1-4.

Cet *Alethopteris*, si commun dans la plupart des dépôts houillers supérieurs du centre de la France, et qui, dans l'Autunois, monte jusque dans l'étage inférieur du Permien, n'a été observé aux environs de Brive, de même que le *Callipteridium pteridium*, que dans les dépôts houillers; encore y est-il assez peu répandu.

Je n'en ai constaté la présence, toujours sous la forme de pennes détachées, qu'à Argentat, à Cublac et à Chabrignac.

Genre ODONTOPTERIS. Brongniart.

ODONTOPTERIS BRARDI. Brongniart (sp.).

(Pl. VIII, fig. 7.)

1822. **Filicites (Odontopteris) Brardii.** Brongniart, *Class. vég. foss.*, p. 34, 89, pl. II, fig. 6.
1830. **Odontopteris Brardii.** Brongniart, *Hist. végét. foss.*, I, pl. 76, p. 252, pl. 75.

C'est des mines du Lardin que provient le type de cette belle espèce, qui se retrouve assez abondamment dans toute la région. L'École supérieure des Mines en possède notamment un magnifique échantillon, recueilli à Cublac par M. Mouret, et sur lequel on observe, comme il arrive si souvent dans ce genre, une dyssymétrie frappante dans la constitution des pennes : il montre en effet une grande penne bipinnée, large de 0^m,26, attachée sur un fragment de rachis qui, du côté opposé, ne porte que des pennes simplement pinnées, mais munies de pinnules sensiblement plus grandes que celles de la portion bipinnée de la fronde. Ce fragment de rachis, large de 2 centimètres, porte également des pennes simplement pinnées au-dessus et au-dessous de l'insertion de la grande penne bipinnée. Celle-ci mesure 0^m,40 de longueur, mais elle est loin d'être complète : au point où elle est interrompue, son rachis est encore large de 7 à 8 millimètres, et ses pennes, du côté inférieur, sont longues de près de 0^m,15. On peut juger par là des dimensions que devaient atteindre les frondes de l'*Odontopteris Brardi*.

A l'extrémité des pennes ou des frondes, les pennes simplement pinnées font place à de grandes pinnules pinnatifides, ou même seulement crénelées ou lacérées plus ou moins profondément. Certaines de ces formes ont été considérées par Brongniart comme une espèce distincte, bien que voisine de l'*Odont. Brardi,* à laquelle il a donné le nom d'*Odont. crenulata;* mais elles ont été reconnues ensuite par la plupart des auteurs pour des pennes d'*Odont. Brardi.* Sternberg a toutefois séparé, sous le nom de *Neuropteris serrata*[1], l'une des figures publiées par Brongniart, qui lui a paru être génériquement différente et devoir constituer une espèce à part; mais je crois que toutes ces formes, que Brongniart avait reçues d'ailleurs de la même provenance, c'est-à-dire du bassin de Terrasson, appartiennent, les unes comme les autres, à l'*Odont. Brardi,* et représentent soit des pennes voisines du sommet de la fronde, soit peut-être des pennes anomales de la région inférieure. Je mentionnerai notamment, comme se rattachant à ces formes exceptionnelles, une portion de penne recueillie par M. Mouret au puits Sainte-Barbe de Cublac, et qui mérite d'être signalée, bien que son état de conservation ne m'ait pas paru suffisant pour la faire figurer : elle porte de grandes pinnules atteignant 5 centimètres de longueur avec une largeur de 15 millimètres à leur base, et qui, simplement dentées sur les bords dans leur région inférieure, se montrent profondément laciniées au voisinage de leur sommet; leur nervation est nettement odontoptéroïde, et je n'hésite pas à attribuer cette penne à l'*Odont. Brardi,* aux pennes normales duquel elle se trouve associée.

Les figures données par Brongniart de l'*Odont. Brardi,* et particulièrement la planche 75 de l'*Histoire des végétaux fossiles,* montrent que, vers l'extrémité des pennes, les pinnules deviennent de plus en plus arquées et falciformes; cette forme en faux s'accentue parfois davantage encore, en même temps que les pinnules se rétrécissent, et l'on serait presque tenté de regarder certains échantillons comme constituant un type spécifique distinct, si l'on ne trouvait entre eux et le type normal tous les intermédiaires possibles. Je représente, à la figure 7 de la planche VIII, un spécimen bien caractérisé de cette forme, qui s'est montrée particulièrement abondante au niveau de 206 mètres du puits de Larche, accompagnée au surplus de nombreuses empreintes de l'*Odont. Brardi* typique.

[1] *Ess. Fl. monde prim.,* II, fasc. 5-6, p. 76 (*Odont. crenulata.* Brongniart, *Hist. végét. foss.,* I, pl. 78, fig. 2).

J'ai reconnu la présence de l'*Odont. Brardi* dans les localités suivantes : Cublac, Loubignac, la Pagégie, puits Camille (niveau de 26ᵐ,55); je ne l'ai pas vu au Lardin, mais c'est de cette mine que Brard avait envoyé jadis à Brongniart le type même de l'espèce. Je l'ai observé en outre à Chabrignac, aux Brandes, aux Parjadis, où il abonde dans les affleurements du Planchart ainsi qu'au toit de la troisième couche explorée par M. Dessort. Enfin il s'est trouvé représenté dans les empreintes des grès de la Cabane recueillies par M. Delas, et il est commun, comme je l'ai dit tout à l'heure, au niveau de 206 mètres du puits de Larche, tant sous la forme normale que sous la forme à pinnules plus étroites et plus arquées en faux.

Il ne paraît pas s'élever jusqu'au niveau des grès à *Walchia*.

ODONTOPTERIS REICHIANA. Gutbier.

1835. **Odontopteris Reichiana.** Gutbier, *Abdr. u. Verst. d. Zwick. Schwarzkohl.*, p. 65.
pl. IX, fig. 1-3, 5, 7; pl. X, fig. 13.

Je n'ai pas vu cette espèce parmi les échantillons de la Corrèze, fort nombreux cependant, que j'ai eus entre les mains. Si je la mentionne ici, c'est parce que M. Grand'Eury signale à Cublac[1] un « *Odontopteris lanceolata* », qui est sans doute la variété « plus ample, allongée et aiguë » de l'*Odont. Reichiana* à laquelle il a attribué ce nom; cette variété, qu'il n'a pas figurée, a été observée par lui sur divers points du bassin de Saint-Étienne, notamment à Avaize[2], où cependant il ne cite, dans une autre partie de son mémoire[3], que de « nombreux *Odontopteris minor*, à l'exclusion de l'*Odont. Reichiana* ».

Conformément à cette dernière indication, j'ai toujours vu l'*Odont. Reichiana* disparaître vers le sommet du Houiller supérieur pour faire place à l'*Odont. minor;* je me demande donc si l'espèce observée à Cublac par M. Grand'Eury n'est pas plutôt, ou une variété de ce dernier, ou encore cette forme de l'*Odont. Brardi*, à pinnules étroites et fortement courbées en faux, dont j'ai parlé tout à l'heure.

[1] *Flore carb. du dép. de la Loire*, p. 529.
[2] *Ibid.*, p. 113.
[3] *Ibid.*, p. 597.

IMPRIMERIE NATIONALE.

ODONTOPTERIS MINOR. Brongniart.

1831 ou 1832. **Odontopteris minor.** Brongniart, *Hist. végét. foss.*, I, p. 253, pl. 77.

Cette espèce est extrèmement rare dans la région de Brive ; cependant elle a été envoyée du Lardin à Brongniart par Brard, et l'échantillon même qui constitue le type de l'espèce vient de cette localité. Je ne l'ai pas trouvée représentée parmi les nombreuses empreintes, soit du Lardin, soit de Cublac, que j'ai reçues de M. Delas.

ODONTOPTERIS LINGULATA. Goeppert (sp.).

1846. **Neuropteris lingulata.** Goeppert, *Genr. de plant. foss.*, livr. 5-6, p. 104, pl. VIII-IX, fig. 12, 13.

Je réunis sous ce nom, ainsi que je l'ai déjà fait ailleurs, l'*Odontopteris lingulata* de Goeppert et l'*Odont. obtusiloba* de Naumann, que je regarde, d'accord avec la plupart des paléobotanistes, comme impossibles à séparer l'un de l'autre.

L'*Odont. lingulata* est surtout abondant, aux environs de Brive, dans les couches franchement permiennes, c'est-à-dire dans les grès à *Walchia*, et j'ai signalé jadis sa présence à ce niveau dans les grès d'Objat [1]; mais je crois qu'il se montre également, bien que fort rare, dans les dépôts houillers de la région. Je lui rapporte en effet un échantillon de Cublac, dont les pinnules me paraissent, par leur forme et leur nervation, présenter tous les caractères de cette espèce ; l'échantillon est malheureusement très fragmentaire, de sorte qu'il peut rester une légère hésitation sur la détermination ; cependant je ne vois pas d'autre type spécifique auquel il soit possible de l'attribuer.

Parmi les empreintes que M. Mouret a recueillies dans les argilites de Peyrignac, il s'est trouvé une pinnule isolée d'*Odontopteris* à nervure médiane assez accentuée, qui me semble devoir, suivant toute vraisemblance, appartenir également à l'*Odont. lingulata*.

Quant à l'étage des grès à *Walchia*, les localités où j'ai vu cette espèce sont beaucoup plus nombreuses : je citerai la carrière du Gourd-du-Diable, le chemin de la ferme Morel (près de Lanteuil), la carrière d'Objat, celle de

[1] *Bull. Soc. Géol.*, 3e sér., VIII, p. 198.

Pichague (près de Larche), et surtout la carrière de la Cave, où M. Mouret en a recueilli de fort beaux spécimens présentant, dans leurs pinnules, les variations de forme et de taille qu'on observe habituellement chez cette espèce suivant la position que les pennes occupaient sur la fronde.

ODONTOPTERIS QUALENI. Weiss (sp.).

(Pl. IX, fig. 1.)

1845. **Pecopteris Wangenheimii.** Brongniart, *in* Murchison et de Verneuil, *Géol. de la Russie d'Europe*, II, p. 2 (*pars*), pl. B, fig. 1, (*non* pl. F, fig. 2).
1870. **Neuropteris Qualeni.** Weiss, *Zeitschr. d. deutsch. geol. Gesellsch.*, XXII, p. 872, pl. XXI *a*, fig. 2.

M. Weiss a séparé avec raison, sous un nom spécial, du *Pecopteris Wangenheimi*, qui est, suivant toute vraisemblance, un *Callipteris*, l'une des figures publiées sous ce nom par Brongniart; la nervation, beaucoup plus étalée, que montre cette figure, suffit en effet à attester la différence spécifique. Ce n'est pas sans quelque étonnement que j'ai trouvé, parmi les empreintes recueillies par M. Dessort au niveau de 206 mètres de son puits de Larche, quelques fragments de pennes qui m'ont paru se rapporter positivement à ce *Nevropteris Qualeni*, lequel n'avait été observé jusqu'à présent que dans le Permien de Russie, à Bjelebei.

La figure 1 de la planche IX reproduit le meilleur de ces échantillons, sur lequel on voit de larges pinnules à nervure médiane très nette, contractées en avant, décurrentes vers le bas, qui peuvent être ou des pinnules terminales de *Nevropteris* ou des pennes simples de quelque *Odontopteris* du groupe de l'*Odont. lingulata*. Déjà M. Weiss, en rangeant son *Nevr. Qualeni* dans le genre *Nevropteris*, avait fait observer que, peut-être, on avait affaire là à un *Odontopteris* du sous-genre *Mixoneura*, mais qu'il faudrait, pour se prononcer à cet égard, des documents plus complets.

Or, sur l'échantillon que je figure ici, l'on voit un petit fragment de penne formé d'une portion de rachis portant trois pinnules odontoptéroïdes, très étalées, dont la longueur est, à peu de chose près, égale à la moitié de la largeur des grandes pinnules névroptéroïdes auxquelles elles sont associées; de semblables pinnules, en se soudant les unes aux autres, donneraient naissance à des pennes simples, identiques, comme taille et comme nervation, à ces grandes pinnules. Je suis amené, d'après cela, à regarder tous ces débris

6.

comme appartenant à une seule et même espèce : ce seraient simplement des pennes de divers ordres d'un *Odontopteris* plus ou moins voisin de l'*Odont. lingulata*, les grandes pinnules, décurrentes à la base, représentant, à mon avis, les pennes simples qui devaient occuper l'extrémité soit des frondes, soit des pennes primaires bipinnées; elles ne diffèrent d'ailleurs de celles qu'on voit, dans les mêmes conditions, chez l'*Odont. lingulata*, que par leur largeur plus grande, eu égard à leur longueur, et par leurs nervures beaucoup plus étalées.

Je range, en conséquence, cette intéressante espèce dans le genre *Odontopteris*. La seule provenance d'où j'ai vu cet *Odont. Qualeni* est celle que j'ai citée tout à l'heure, le niveau de 206 mètres du puits de Bernou, si riche en empreintes végétales.

ODONTOPTERIS OBTUSA. Brongniart.

1831 ou 1832. **Odontopteris obtusa.** Brongniart, *Hist. végét. foss.*, I, p. 255, pl. 78, fig. 4 (*non* fig. 3).

Je me suis expliqué ailleurs au sujet du véritable type de cette espèce, que Brongniart avait reçu de Terrasson et dont j'ai pu faire connaître la nervation, caractérisée par le développement très marqué de la nervure médiane [1], et bien différente de celle de l'*Odont. lingulata*, avec lequel l'*Odont. obtusa* avait été confondu à tort.

J'ai retrouvé, parmi les échantillons recueillis à Cublac par M. Delas, un certain nombre de spécimens de ce même *Odont. obtusa*, absolument semblables, je dirais presque identiques, au type de Brongniart : ils offrent notamment le même mode de conservation, les pinnules étant représentées par une membrane opaque, sur laquelle la nervation n'apparaît que si on les mouille. Sur certains fragments de pennes, les pinnules inférieures se contractent à leur base du côté postérieur comme du côté antérieur et tendent ainsi à devenir névroptéroïdes, de sorte que l'on pourrait hésiter, pour le classement de cette espèce, entre les deux genres *Odontopteris* et *Nevropteris*. Je rappellerai, du reste, qu'il en est de même pour d'autres espèces appartenant également aux couches de passage entre le Houiller et le Permien, ou au Permien inférieur, et notamment pour l'*Odontopteris* ou *Nevropteris gleichenioides* Stur,

[1] *Flore foss. du terr. houill. de Commentry*, 1re part., p. 227, pl. XXIII, fig. 2.

ainsi que l'a si justement fait remarquer M. W. de Lima [1]. On ne manquerait sans doute pas d'invoquer ces formes particulières, si elles avaient apparu plus tôt, comme établissant un lien génétique entre les *Odontopteris* et les *Nevropteris*, mais la place qu'elles occupent dans la série chronologique est en désaccord absolu avec une telle manière de voir.

En dehors des dépôts houillers de Cublac, je n'ai observé l'*Odont. obtusa*, dans la région de Brive, que dans les grès de la Cabane.

Genre NEVROPTERIS. BRONGNIART.

NEVROPTERIS CORDATA. BRONGNIART.

1830. **Nevropteris cordata**. Brongniart, *Hist. végét. foss.*, I, p. 229, pl. 64, fig. 5.

Le *Nevropteris cordata* s'est montré à quelques reprises parmi les empreintes de Cublac, sous la forme de grandes pinnules, bien reconnaissables à leurs nervures fines et très espacées; mais il paraît rare dans cette localité, la seule de la région de Brive où je l'aie observé.

NEVROPTERIS (?) DELASI. ZEILLER. n. sp.

(Pl. VIII, fig. 6.)

Fronde..... *Pinnule ovale-allongée*, contractée vers le bas du côté antérieur, *légèrement décurrente du côté inférieur* sur le rachis, longue de 4 centimètres sur 10 millimètres de largeur.

Nervure médiane nette, se suivant jusque vers le milieu de la pinnule; *nervures secondaires très nombreuses, fortement dressées, légèrement arquées*, plusieurs fois dichotomes; nervules aboutissant au bord du limbe *au nombre de 25 à 30 par centimètre*.

Bien que l'échantillon représenté à la planche VIII, figure 6, ne montre qu'une pinnule isolée, je n'hésite pas à en faire le type d'une espèce nouvelle, les caractères de la nervation étant des plus nets et ne permettant de le rapporter à aucune forme antérieurement décrite.

Ce n'est toutefois qu'avec doute que je le range dans le genre *Nevropteris*

[1] *Noticia sobre as camadas da serie permo-carbonica do Bussaco*, p. 18; *Bull. Soc. Géol.*, 3ᵉ sér., XIX, p. 137-138.

plutôt que dans le genre *Odontopteris*, cette pinnule pouvant fort bien, en somme, appartenir à l'extrémité d'une penne ou d'une fronde de quelque *Odontopteris* voisin de l'*Od. lingulata*; elle différerait en tout cas des grandes pinnules de cette dernière espèce par sa forme beaucoup plus elliptique, plus contractée à la base du côté postérieur, et par ses nervures plus fortement dressées. Mais c'est surtout avec certains *Nevropteris* qu'elle me semble pouvoir être comparée : chez diverses espèces de ce genre, en effet, les pinnules voisines du sommet des pennes perdent leur forme en cœur à la base et se soudent au rachis du côté inférieur, ainsi qu'on l'observe ici. Je citerai notamment, comme présentant cette disposition, le *Nevropteris obliqua* Brongniart (sp.) du Houiller moyen, et le *Nevropteris Raymondi* Zeiller du Houiller supérieur de l'Autunois [1], dont l'attribution générique ne saurait être mise en question, mais qui ont l'un et l'autre des pinnules beaucoup plus petites et des nervures infiniment moins serrées et moins dressées. Sous le rapport de la forme et de la nervation, l'espèce avec laquelle le *Nevr. Delasi* me semble avoir les affinités les plus étroites serait le *Nevropteris salicifolia* Fischer [2] du Permien de Bjelebei. Celui-ci a, il est vrai, des pinnules deux fois plus grandes, mais tout à fait semblables comme forme; les nervures de ces pinnules sont peut-être, d'après la figure qui en a été donnée, plus raides et moins divisées; cependant, pour ce dernier point, la diagnose, indiquant « de nombreuses nervures fines, arquées et dichotomes », concorde bien avec ce qu'on observe sur la pinnule que je viens de décrire. Je rappellerai que la place générique à attribuer au *Nevropteris salicifolia* peut sembler quelque peu douteuse, ainsi que l'avait fait remarquer Brongniart, et qu'il faudrait, pour sortir d'incertitude, des échantillons plus complets de cette espèce.

Pour toutes ces raisons, je ne rattache qu'à titre provisoire au genre *Nevropteris* l'espèce que je viens de décrire, souhaitant que la découverte de nouvelles empreintes permette de se faire une idée plus exacte du mode de constitution de ses frondes.

La pinnule sur laquelle elle est établie a été recueillie dans les argilites du vallon de la Nuelle, près Peyrignac, par M. Jean Delas, directeur des mines de Cublac, à qui je dois un grand nombre d'empreintes de la région et à qui je suis heureux de pouvoir dédier cette intéressante forme spécifique.

---

[1] *Bassin houiller et permien d'Autun et d'Épinac, Flore fossile*, 1re part., pl. IX A, fig. 4, 4 C.
[2] Murchison et de Verneuil, *Géol. de la Russie d'Europe*, II, p. 2, pl. B, fig. 2.

Genre DICTYOPTERIS. Gutbier.

DICTYOPTERIS BRONGNIARTI. Gutbier.

1835. **Dictyopteris Brongniarti**. Gutbier, *Abdr. u. Verst. d. Zwick. Schwarzkohl.*, p. 63, pl. XI, fig. 7, 9, 10.

De nombreuses pinnules détachées de cette espèce ont été observées sur divers points de la région de Brive dans les schistes houillers, et même à la base du Permien, ou du moins dans des couches renfermant déjà des formes permiennes. Je citerai les localités suivantes : Cublac, Loubignac, la Tuilière, la Villedieu, la Pagégie, puits Camille (près de la Pagégie), à 43 mètres de profondeur; puits de Larche, niveau de 430 mètres; le Lardin, Lage, puits Sautet; affleurements de Peyrignac; les Brandes; recherches des Parjadis, deuxième couche; et enfin Châtres.

DICTYOPTERIS sp.

(Pl. IX, fig. 2.)

La petite pinnule isolée que je représente sur la figure 2 de la planche IX ne me paraît pouvoir être rattachée à aucune espèce actuellement connue de *Dictyopteris* : par l'obliquité marquée de ses nervures secondaires, elle rappelle, il est vrai, le *Dict. Brongniarti*, mais je n'ai jamais vu chez ce dernier de pinnules aussi petites, ni aussi étroites par rapport à leur longueur, et comprenant entre leur nervure médiane et leur bord un aussi petit nombre d'aréoles. Parmi les très nombreuses empreintes de *Dict. Brongniarti* que j'ai eues entre les mains, je n'ai pas observé, en effet, de pinnules mesurant moins de 12 ou 13 millimètres de largeur, tandis qu'ici la largeur atteint à peine 6 millimètres. Comme forme et comme dimensions, l'échantillon que je figure peut être rapproché du *Dict. rubella* Lesquereux, du terrain houiller de l'Illinois; mais chez celui-ci, d'après la figure grossie qu'en a donnée l'auteur [1], les nervures sont plus plates et beaucoup plus flexueuses, et semblent plutôt se toucher bords à bords que s'anastomoser réellement; l'identification me semble donc impossible.

[1] *Geol. Surv. of Illinois*, IV, pl. VII, fig. 6.

Je n'ose néanmoins, sur un échantillon aussi incomplet, établir une espèce nouvelle, ne pouvant affirmer d'une façon absolue que le *Dict. Brongniarti* n'ait jamais pu porter sur de jeunes plantes, ou présenter sur certaines variétés, des pinnules aussi réduites. Je me borne donc à signaler à part, à défaut d'autres documents, cette pinnule, recueillie par M. Mouret dans les déblais du puits Sautet.

DICTYOPTERIS SCHÜTZEI. Roemer.

1862. **Dictyopteris Schützei.** Rœmer, *Palæontogr.*, IX, p. 3o, pl. XII, fig. 1.

Je n'ai, à ma grande surprise, rencontré dans la région de Brive aucun spécimen reconnaissable de cette espèce, si commune d'ordinaire au sommet du Houiller supérieur et dans le Permien inférieur. Je serais disposé cependant à lui rapporter une pinnule fertile, à nervation indiscernable, qui s'est trouvée parmi les empreintes du chemin de la ferme Morel et qui ne m'a paru différer en rien des pinnules fructifiées [1] que j'ai vues à Decize, à Commentry et à Autun, associées au *Dict. Schützei.* J'inscris donc ici cette espèce, tout au moins sous bénéfice d'inventaire, et afin d'appeler sur elle l'attention des géologues locaux.

Genre TÆNIOPTERIS. Brongniart.

TÆNIOPTERIS JEJUNATA. Grand'Eury.

1877. **Tæniopteris jejunata.** Grand'Eury, *Fl. carb. du dép. de la Loire*, p. 121. Zeiller, *Bull. Soc. Géol.*, 3ᵉ série, XIII, p. 137, pl. IX, fig. 2.

Je n'ai constaté la présence de ce *Tæniopteris* qu'en deux points, mais dans l'un et l'autre cas sous forme de fragments de pennes bien nettement caractérisées, dans les couches houillères de Cublac d'une part, et au niveau de 206 mètres du puits de Larche d'autre part.

Genre AULACOPTERIS. Grand'Eury.

Ce genre a été créé par M. Grand'Eury pour les pétioles ou les gros

---

[1] *Flore foss. du terr. houill. de Commentry*, 1ʳᵉ part., pl. XXX, fig. 8; pl. XXXI, fig. 2 à 4. — *Bassin houiller d'Autun et d'Épinac, Flore foss.*, 1ʳᵉ part., pl. XI, fig. 9, 10.

fragments de rachis isolés de certaines Fougères, particulièrement des *Aletho-pteris*, des *Odontopteris*, des *Nevropteris*. J'en ai rencontré dans la région de Brive, et à différents niveaux, un certain nombre de spécimens qu'il ne m'a pas semblé utile de chercher à distinguer spécifiquement; mais je tiens cependant à mentionner, d'une façon particulière, ceux qui ont été recueillis au niveau de 43 mètres du puits Camille, près de la Pagégie. Ils sont réduits à leur épiderme, ou plus exactement à leur cuticule, conservée sous la forme d'une membrane lisse et brillante, d'un brun parfois très foncé; des tissus internes, probablement pourris avant l'enfouissement de ces débris dans la vase, il ne reste que de faibles traces charbonneuses séparant l'un de l'autre les deux feuillets cuticulaires. Après traitement par les réactifs oxydants et par l'ammoniaque, ces cuticules m'ont montré, sous le microscope, un réseau de grandes cellules allongées, avec de petites ouvertures circulaires correspondant évidemment aux stomates; mais les cellules de bordure de ces derniers ont disparu. Il m'a paru inutile de donner le dessin de ce réseau cellulaire, à cause de son identité complète avec celui qu'a figuré M. Grand'Eury comme « épiderme de *Medullosa* [1] », et qu'il a observé sur des *Aulacopteris* du Mont-Pelé offrant ce même mode de conservation.

Genre APHLEBIA. Presl.

APHLEBIA GERMARI. Zeiller.

1847. **Schizopteris lactuca.** Germar (*non* Presl), *Verst. d. Steink. v. Wettin u. Löbejün*, p. 44, p. XVII, fig. 1 *a*, 1 *b*; pl. XIX, fig. 2, 3.
1888. **Aphlebia Germari.** Zeiller, *Fl. foss. du terr. houill. de Commentry*, 1ʳᵉ partie, p. 289, pl. XXXIV, fig. 1, 1′.

Parmi les empreintes recueillies près du village de Peyrignac, dans le vallon de la Nuelle, par M. Mouret, j'ai observé quelques fragments d'*Aphlebia* profondément subdivisés sur les bords en étroits lobules linéaires, qui m'ont offert tous les caractères de l'*Aphl. Germari* et que je puis, sans hésitation, rapporter à cette espèce.

[1] *Flore carb. du dép. de la Loire*, p. 129, pl. XIII, fig. 7.

APHLEBIA ACANTHOIDES. Zeiller.

1888. **Aphlebia acanthoïdes.** Zeiller, *Fl. foss. du terr. houill. de Commentry*, 1ʳᵉ partie, p. 293, pl. XXXIII, fig. 1, 2.

J'ai observé divers échantillons de cette espèce au Lardin, à la Chapelle-aux-Brots et au niveau de 206 mètres du puits de recherche foncé près de Larche par M. Dessort. L'association de cet *Aphl. acanthoides*, sur ces deux derniers points comme à Commentry, avec le *Pecopteris Daubreei*, assez commun dans toute la région de Brive, la grande ressemblance d'aspect que présente chez ces deux plantes le limbe foliaire, couvert de fins poils appliqués, m'amènent à me demander si l'*Aphl. acanthoides* ne représenterait pas des pennes anomales du *Pec. Daubreei*. Je rappellerai que M. Grand'Eury a trouvé dans le Gard une de ces grandes expansions foliacées du genre *Aphlebia* nettement attachée sur le bord d'un gros rachis ponctué [1] semblable à ceux de certains *Pecopteris* cyathoïdes, ce qui confirme positivement l'hypothèse que j'avais émise [2] à l'égard de ce genre. L'attribution de l'*Aphl. acanthoides* au *Pec. Daubreei* paraît donc assez vraisemblable, sans pouvoir être, bien entendu, donnée comme une certitude.

APHLEBIA ELONGATA. Zeiller.

1888. **Aphlebia elongata.** Zeiller, *Fl. foss. du terr. houill. de Commentry*, 1ʳᵉ partie, p. 295, pl. XXXII, fig. 3, 4.

Je crois pouvoir rapporter à l'*Aphl. elongata* une portion de fronde à divisions dressées, à lobes étroits, aigus au sommet, qui s'est trouvée sur l'une des plaques de schiste de Cublac envoyées à l'École des Mines; cependant, comme l'échantillon est assez incomplet, la détermination n'en doit peut-être pas être donnée comme absolument sûre.

En tout cas, il me paraît fort probable que le petit fragment d'*Aphlebia* de Cublac, à segments très allongés et très aigus, que j'avais comparé jadis [3] à l'*Aphl. Goldenbergi* Schimper (sp.), doit être attribué à l'*Aphl. elongata*, dont il représenterait une division primaire.

[1] *Géologie et paléontologie du bassin houiller du Gard*, pl. XII, fig. 15.
[2] *Bull. Soc. Géol.*, 3ᵉ sér., XII, p. 202. *Bassin houiller de Valenciennes, Flore fossile*, p. 302-303.
[3] *Bull. Soc. Géol.*, 3ᵉ sér., VIII, p. 209.

APHLEBIA DESSORTI. Zeiller. n. sp.

(Pl. IX, fig. 4.)

Expansions foliacées pinnatifides, à contour triangulaire, longues de 4 à 5 cen-timètres sur 2 centimètres environ de largeur, *attachées de part et d'autre d'un axe commun, décurrentes* vers le bas, *à lobes dressés,* arqués, faiblement saill-lants, *se touchant les uns les autres* par leurs bords. *Surface chargée de poils* ou d'écailles de 3 à 6 millimètres de longueur, *épaissis en bulbe à leur base, dépassant longuement les bords du limbe* et les faisant paraître profondément laciniés.

Le peu de largeur de l'axe commun sur lequel sont attachées les feuilles que l'on voit se succéder sur la fig. 4 de la planche IX, me donne à penser qu'il s'agit ici non pas d'une grande fronde tripinnatifide, mais de plusieurs frondes ou pennes anomales consécutives attachées sur un même rachis. La surface de ce rachis se montre, ainsi que l'axe de chaque penne, chargée de corpus-cules arrondis, dans lesquels on serait, au premier coup d'œil, tenté de voir des organes de fructification; mais un examen attentif montre que chacun de ces grains s'effile en pointe vers le haut et se prolonge en un long poil, dont il constitue la base renflée en forme de bulbe. Ces poils ou écailles paraissent avoir été assez épais et résistants; en s'étalant sur les bords des lobes, qu'ils masquent du reste complètement, ils simulent de profondes laciniures du limbe, et peut-être les bords de ce limbe étaient-ils en effet dentés; mais il est impossible de les discerner à travers la masse des poils qui les recouvrent. Ces poils devaient être d'autant plus longs qu'ils étaient fixés plus près de l'axe, à en juger par la variation de grosseur de leurs bulbes basilaires, qui, sur l'axe de chacune de ces feuilles et sur le rachis commun, atteignent et dépassent même un demi-millimètre de diamètre.

Peut-être a-t-on affaire là à une portion de fronde encore jeune et non arrivée à son entier développement; en tout cas, l'aspect tout particulier de ces poils me paraît indiquer un type spécifique bien distinct de tous les autres *Aphlebia* actuellement connus. Il ne serait pas impossible qu'il fallût le rap-procher du *Zygopteris cornuta,* dont je parlerai un peu plus loin, sur le limbe duquel on observe des tubercules saillants qui doivent être des bases de poils, et qui rappellent singulièrement les bulbes des poils si caractéristiques dont

7.

je viens de parler. L'identité de provenance viendrait en outre à l'appui de cette hypothèse, que la découverte d'échantillons plus complets permettrait seule de vérifier.

Cet *Aphlebia* a été recueilli au niveau de 206 mètres du puits de Larche, par M. Dessort, à l'obligeance de qui je suis redevable d'une quantité considérable d'échantillons intéressants, récoltés au cours de ses persévérantes recherches, et dont je me fais un plaisir d'attacher le nom à cette espèce.

APHLEBIA (?) sp.

(Pl. IX, fig. 3.)

Je rattache encore au genre *Aphlebia,* bien qu'avec quelque hésitation, une empreinte du Gourd-du-Diable qui a été donnée à l'École des Mines par M. Mouret et qui me paraît offrir un certain intérêt : c'est un fragment de penne formé d'un axe linéaire s'effilant en pointe aiguë vers le haut et portant à droite et à gauche une série de lobes dressés, également linéaires et aigus à leur sommet. L'axe principal et les lobes latéraux sont parcourus chacun par un large faisceau libéroligneux, qui occupe plus de la moitié de leur largeur, ne laissant libre qu'une mince bande de $0^{mm},5$ à $0^{mm},75$ à droite et à gauche; la surface de ce faisceau est marquée de fines et courtes stries, comme si elle avait été hérissée de poils.

Le développement de ce faisceau médian, qui semble formé de nombreux filets accolés les uns aux autres, me porte à ranger dans le genre *Aphlebia,* du moins provisoirement et sous bénéfice d'inventaire, cette curieuse empreinte, que je ne saurais classer d'ailleurs dans aucun autre genre. Elle rappelle, en petit, l'*Aphlebia rhizomorpha* Zeiller, de Commentry, et, comme pour ce dernier, je me suis demandé si elle ne représenterait pas une racine à ramification distique; mais son peu de relief m'a paru indiquer plutôt une lame foliaire; et si, d'autre part, l'épaisseur du cordon libéroligneux s'accorde assez bien avec l'hypothèse d'un organe radiculaire, le fait, que les traces de poils qu'on observe à la surface ne semblent exister que sur ce cordon, paraît incompatible avec cette idée.

L'échantillon est évidemment trop incomplet et d'interprétation trop douteuse pour servir de base à l'établissement d'un nom spécifique nouveau; mais il m'a semblé qu'il méritait d'être signalé.

Genre ZYGOPTERIS. Corda.

Je place à la fin de la série des Fougères le genre *Zygopteris*, entendu dans le sens où je l'ai déjà admis[1], comme conséquence des études anatomiques faites par M. B. Renault sur les fructifications du *Schizopteris pinnata;* les Botryoptéridées, parmi lesquelles le résultat de ces études conduit à le ranger, paraissent en effet constituer un groupe tout particulier de Filicinées, différent à beaucoup d'égards des Fougères proprement dites[2].

ZYGOPTERIS PINNATA. Grand'Eury (sp.).

1876. **Schizopteris pinnata.** Grand'Eury, *in* Renault, *Ann. sc. nat.*, 6ᵉ série. Bot., III, p. 8, p. 23; pl. 1, fig. 12, 13.
1876. **Androstachys.** Grand'Eury, *in* Renault, *ibid.*, p. 8, p. 23, 24; pl. 1, fig. 14-17.

Parmi les empreintes recueillies à Cublac par M. Mouret, j'ai reconnu divers fragments, tant fertiles que stériles, de cette espèce, qu'on peut s'attendre à retrouver au même niveau sur d'autres points de la région.

ZYGOPTERIS CORNUTA. Zeiller. n. sp.

(Pl. IX, fig. 5, 6.)

1883. **Zygopteris frondosa.** Zeiller (*non* Grand'Eury sp.), *Ann. sc. nat.*, 6ᵉ série, Bot., XVI, p. 204, 209, pl. 12, fig. 9.

Frondes (ou pennes primaires?) bipinnatifides. *Pennes primaires* (ou secondaires?) *très rapprochées, empiétant les unes sur les autres, longues d'environ* 10 *à* 12 centimètres sur 8 à 10 millimètres de largeur, *exactement linéaires, stériles sur leur moitié inférieure, fertiles au delà. Portion stérile simplement pinnatifide, divisée en lobes linéaires dressés, arqués* vers le haut, longs de 2 à 3 millimètres, *très étroits, aigus au sommet, non contigus, séparés par des sinus arrondis* dirigés obliquement et descendant jusqu'à mi-chemin du rachis. *Surface du limbe hérissée, sur une de ses faces, de petits tubercules*

---

[1] *Bass. houill. de Valenciennes, Flore fossile*, p. 46. — *Flore foss. du terr. houill. de Commentry*, 1ʳᵉ part., p. 76.
[2] Voir notamment : B. Renault, *Note sur la famille des Botryoptéridées* (*Soc. d'hist. nat. d'Autun*, 4ᵉ *Bulletin*, p. 349-373, pl. X, XI).

saillants, qui sont vraisemblablement des bases de poils. *Nervation généralement indiscernable;* nervures partant presque normalement du rachis, une ou deux fois bifurquées, et s'anastomosant peut-être çà et là.

Portion fertile dépourvue de limbe, l'axe de la penne ne portant plus, à droite et à gauche, que des bouquets de *capsules ovoïdes allongées,* longues de 2 à 3 millimètres, *groupées au nombre de 6 à 12 sur de courts pédicelles,* et munies sur le dos d'une bande longitudinale formée de plusieurs rangs de cellules à parois épaissies.

J'avais rapporté jadis au *Zygopteris pinnata (Androstachys frondosus* Grand'-Eury) les fructifications qu'on voit sur l'empreinte de la figure 6, planche IX, et qui, au surplus, sont identiques à celles de cette espèce, au moins au point de vue de la constitution des sporanges; ceux-ci sont peut-être seulement ici un peu plus nombreux et plus serrés, ce qui ne constituerait pas un caractère spécifique; mais, en dégageant plus complètement l'échantillon représenté sur les figures 5 et 6 de la planche IX, j'ai reconnu qu'au lieu d'être exclusivement fertiles comme celles du *Zyg. pinnata,* les pennes latérales étaient stériles sur leur moitié inférieure et beaucoup moins découpées que ne le sont les pennes stériles de ce dernier. Ces deux figures 5 et 6 représentent les deux moitiés de la fronde, dont les pennes étaient, soit naturellement, soit fortuitement, repliées en avant du rachis les unes contre les autres : la figure 5 montre la portion principale de l'échantillon encore en place sur la contre-empreinte d'une de ses moitiés, à laquelle le rachis commun est resté adhérent; la figure 6 fait voir, l'échantillon ayant pivoté autour de l'arête antérieure du rachis, l'empreinte de cette seconde moitié.

Les pennes sont tellement rapprochées les unes des autres, qu'elles ne montrent en général qu'un de leurs bords, divisé en une série de lobes en forme de crochets (fig. 5 A). Le limbe, très charnu sans doute, a laissé une lame de charbon fort épaisse, et lorsqu'on fait sauter celle-ci, dont la surface supérieure, à peu près lisse, ne porte aucun indice de nervation, on voit apparaître sur la roche l'empreinte en creux de petits tubercules arrondis, étroitement pressés les uns contre les autres, qu'on serait tenté de prendre pour des sporanges couvrant toute la face inférieure du limbe; mais l'examen microscopique n'y décèle aucune trace d'organisation, et en raison de l'amincissement en pointe que présentent plusieurs d'entre eux, je crois qu'il faut y voir simplement des bases de poils charnus et bulbeux, très analogues à ceux que j'ai signalés plus haut chez l'*Aphlebia Dessorti*, mais moins développés. Il est à noter que M. B. Renault a constaté, sur des débris de frondes silicifiés de Botryoptéridées rapportés par lui au *Botryopteris forensis*, la présence de poils garnissant une seule des faces du limbe foliaire et dont une partie au moins sont fortement renflés à la base [1], ce qui confirme l'interprétation que je viens d'indiquer. J'ajouterai que, sur les bords des lobes des pennes du *Zyg. cornuta*, et surtout au voisinage de leur sommet, on distingue à la loupe une fine denticulation, qui paraît correspondre à l'existence de poils aigus dépassant légèrement le contour du limbe.

Dans toute la portion des pennes où le tissu foliaire se montre aussi épais, l'on ne discerne aucune trace de la nervation; mais, plus loin, en approchant de la portion fertile, la lame charbonneuse qui représente le limbe paraît s'amincir, et l'on aperçoit alors des nervures saillantes, bifurquées, qui rappellent celles du *Zyg. pinnata*. En même temps, les lobes en crochets arqués semblent disparaître, les bords se montrant seulement déchiquetés en dentelures irrégulières, qui peut-être ne sont que le résultat d'une déchirure, mais qui pourtant ne laissent pas d'offrir une réelle analogie avec celles qu'on observe chez le *Zyg. pinnata*; seulement le limbe ne se divise pas en pinnules distinctes comme chez ce dernier. La constance, sur diverses pennes, et toujours vers la même hauteur, de cette disparition des lobes aigus, arqués en faux, qui existent sur la portion inférieure des mêmes pennes, ne me permet pas de croire simplement à un arrachement fortuit de ces lobes : il semble positivement que la forme des segments et la consistance du limbe se modifient dans cette région.

Plus haut, le limbe disparaît entièrement, et la penne se termine par un long épi de fructification, qu'on ne peut, sur aucune des pennes, suivre jusqu'à son extrémité.

En résumé, cette espèce me paraît impossible à identifier avec le *Zyg. pinnata*, non seulement à cause de la réunion, sur les mêmes pennes, des parties fertiles et des parties stériles, mais surtout à cause de la constitution de ces dernières; si, au-dessous de l'épi de fructification, la denticulation du limbe ressemble à celle du *Zyg. pinnata*, la ressemblance cesse presque immédiatement, et les nombreux échantillons de ce dernier que j'ai pu examiner

---

[1] B. Renault, *Note sur la famille des Botryoptéridées* (*Soc. d'hist. nat. d'Autun*, 4e *Bulletin*, p. 367-368, pl. XI, fig. 5).

ne m'ont jamais offert les pennes simplement pinnatifides, à lobes arqués, à limbe très charnu et couvert de poils bulbeux, que l'on voit ici.

Cet intéressant échantillon a été récolté par M. Dessort au niveau de 206 mètres de son puits de Larche, et, comme je l'ai dit plus haut, l'identité de provenance viendrait à l'appui d'un rapprochement possible entre le *Zygopteris cornuta* et l'*Aphlebia Dessorti* : les poils de ce dernier sont, il est vrai, beaucoup plus longs, mais leur base bulbiforme présente une telle analogie d'aspect avec les tubercules observés sur le limbe de ce *Zygopteris,* qu'il est difficile de ne pas se demander si l'on n'aurait pas affaire là à deux portions différentes d'une même plante. On remarquera peut-être que le rachis principal du *Zyg. cornuta* paraît absolument lisse, tandis que l'axe commun des pennes de l'*Aphl. Dessorti* est garni, comme ces pennes, de poils bulbeux; mais l'échantillon de la figure 5, planche IX, ne laissant voir de ce rachis que la face correspondant au côté lisse des pennes latérales, on ne peut tirer de là aucune indication à l'encontre d'un rapprochement entre ces deux espèces. Il ne serait donc pas impossible que l'*Aphl. Dessorti* représentât la partie inférieure, garnie de pennes anomales, d'une fronde dont le *Zyg. cornuta* représenterait les pennes normales; mais ce n'est là qu'une hypothèse, et l'on ne peut guère espérer, malheureusement, trouver jamais d'échantillons assez complets pour obtenir à cet égard des renseignements positifs.

ÉQUISÉTINÉES.

Genre EQUISETITES. Sternberg.

EQUISETITES VAUJOLYI. Zeiller. n. sp.

(Pl. XII, fig. 1, 2, 3; an fig. 4 ?)

Gaines largement évasées, mesurant à leur base 3 à 4 centimètres de diamètre, et hautes de 6 à 8 centimètres, composées de *feuilles* de 3 à 6 millimètres de largeur, *soudées* les unes aux autres *sur 5 à 6 centimètres de longueur,* parcourues chacune par une large nervure plate et *terminées par une dent très aiguë* de 1 centimètre à 2 centimètres de longueur.

Les figures 1 à 3 de la planche XII représentent trois échantillons qui viennent, non de la région de Brive, mais du Permien de Coulandon (Allier), où ils ont été récoltés par M. de Vaujoly. Je les signale ici à cause de la grande analogie que présentent avec eux des échantillons, malheureusement très incomplets, trouvés par M. Mouret dans le vallon de la Nuelle, au voisinage de Peyrignac, et sur lesquels je reviendrai tout à l'heure.

On peut juger, d'après les figures 2 et 3, du diamètre considérable des tiges qui portaient ces gaines; sur aucune des empreintes de Coulandon, malheureusement, il n'a été observé de tige d'Équisétinée susceptible d'être rapportée à cet *Equisetites*. Sur le dos de chaque feuille se montre une large nervure plate, que l'on peut suivre depuis la base jusqu'à la pointe extrême, que cette nervure constitue presque seule; entre deux nervures correspondant à deux feuilles consécutives, on distingue nettement la ligne se rapportant à la suture de ces feuilles, et suivant laquelle existait sans doute un pli longitudinal. L'évasement notable des gaines est attesté, outre leur étalement sans trop de déchirures sur les empreintes, par l'élargissement graduel des feuilles, qui, larges de 2 millimètres à leur base sur l'empreinte de la figure 2, atteignent au sommet un peu plus de 5 millimètres. Aucun des échantillons ne montre d'une façon tout à fait nette les sinus séparatifs des dents : il semble cependant, sur celui de la figure 1, qu'ils aient été assez aigus.

Il est impossible, bien entendu, en l'absence d'autres organes, de rapporter positivement ces gaines au genre *Equisetum;* il semble toutefois que l'analogie soit plus marquée avec ce genre qu'avec aucun autre : notamment, les *Equisetites* que l'on a reconnus pour des gaines de grosses tiges d'*Annularia*, comme l'*Eq. lingulatus* Germar, sont loin d'avoir les feuilles soudées sur une aussi grande longueur.

En tout cas, parmi les *Equisetites* houillers ou permiens déjà décrits, je n'en vois aucun avec lequel l'espèce de Coulandon puisse être identifiée : l'*Eq. brevidens* Schimper a les dents beaucoup trop courtes pour qu'on puisse la lui comparer; quant à l'*Eq. rugosus* Schimper, il a les feuilles libres sur une longueur beaucoup plus grande, et de plus striées normalement à leur longueur, ce qui n'existe pas ici. L'espèce étant par conséquent nouvelle et m'ayant paru mériter d'être signalée, j'ai profité, pour la faire connaître et pour la dédier à celui à qui la découverte en est due, de l'occasion qui m'était offerte par l'analogie que semblent présenter avec cet *Eq. Vaujolyi* certaines empreintes de Peyrignac.

Ces empreintes, dont la moins imparfaite est représentée sur la figure 4

II. 8

de la planche XII, montrent la base de gaines qu'il est malheureusement impossible de suivre jusqu'à leur sommet : on voit sur cette figure qu'on a affaire à des feuilles légèrement convexes, larges de $1^{mm},5$ à 2 millimètres à leur base, séparées par des sillons peu profonds, et assez divergentes pour qu'on ne puisse songer à voir là simplement une portion de quelque Calamite; d'ailleurs, sur le dos de chaque feuille, on distingue nettement une large nervure plate, tout à fait semblable à celles de l'*Eq. Vaujolyi*, et qui ne permettrait pas de rapporter cet échantillon au genre *Calamites*. Comparé aux gaines de Coulandon, il n'en diffère, en somme, que par le bombement plus marqué de ses feuilles, mais on constate en divers points de l'échantillon de la figure 3, au voisinage de la base de la gaine, des bombements semblables, bien que moins accentués.

Je n'hésite donc pas à voir dans cette empreinte de Peyrignac une gaine d'*Equisetites*, très analogue pour le moins, et peut-être identique à l'espèce de Coulandon.

Le gisement de Coulandon appartient, il est vrai, d'après l'étude qu'en a faite M. de Launay[1], à un niveau plus élevé, et se range nettement dans le Permien inférieur; toutefois ce ne serait pas là une raison pour contester la possibilité de la présence de l'*Eq. Vaujolyi* à Peyrignac, les argilites de cette localité renfermant déjà un certain nombre de formes généralement considérées comme permiennes, telles que le *Pecopteris Beyrichi*, l'*Annularia spicata* et le *Samaropsis moravica*. Mais tant qu'on n'aura pas d'échantillons meilleurs de cet *Equisetites* de Peyrignac, il sera impossible de se prononcer définitivement sur son attribution spécifique.

Genre CALAMITES. Schlotheim.

CALAMITES SUCKOWI. Brongniart.

1828. **Calamites Suckowii**. Brongniart, *Hist. végét. foss.*, I, p. 124, (*an* pl. 14, fig. 6?), pl. 15, fig. 1-6; pl. 16, fig. 2-4 (*an* fig. 1?).

Le *Cal. Suckowi* paraît fort rare dans la région de Brive; les seules empreintes que j'ai vues de lui viennent des couches houillères de Cublac. Peut-être cependant pourrait-on lui rapporter quelques fragments de Calamites que

[1] *Étude sur le terrain permien de l'Allier.* (*Bull. Soc. Géol.*, 3ᵉ sér., XVI, p. 314-316.)

j'ai observés, d'une part au Lardin, d'autre part dans les argilites du vallon de la Nuelle, et qui, par la forme plate ainsi que par la largeur de leur côtes, présentent bien les caractères de cette espèce; mais n'ayant eu sous les yeux que des portions d'entre-nœuds et n'ayant pu examiner les articulations, il m'est impossible de rien affirmer quant à la détermination spécifique de ces échantillons.

CALAMITES MAJOR. WEISS.

1870. **Calamites major.** Weiss, *Foss. Fl. d. jüngst. Steinkohl.*, p. 119, pl. XIII, fig. 6; pl. XIV. fig. 1.

Je rapporte à cette espèce divers échantillons du terrain houiller d'Argentat, que j'ai vus, soit dans la collection de M. Mouret, soit parmi les empreintes du musée de Tulle, qui m'ont été si obligeamment communiqués par M. Fage. Ils tiennent en quelque sorte le milieu, conformément à ce qu'a indiqué M. Weiss, entre le *Cal. Suckowi* et le *Cal.gigas*, leurs côtes étant plus larges et plus convexes que celles du *Cal. Suckowi*, moins larges au contraire et terminées en pointe moins aiguë que celles du *Cal. gigas*.

CALAMITES UNDULATUS. STERNBERG.

1826. **Calamites undulatus.** Sternberg, *Ess. Fl. monde prim.*, I, fasc. 4, p. XXVI; II, fasc. 5-6, p. 47, pl. I, fig. 2 (au pl. XX, fig. 8 ?).

Parmi les échantillons recueillis au niveau de 206 mètres du puits de Larche, il s'est trouvé plusieurs tiges de Calamites à côtes plates, légèrement ondulées, terminées à chaque extrémité en pointe à peu près rectangulaire, portant à leur sommet de très petits mamelons peu saillants, et présentant à leur surface un réseau cellulaire à mailles relativement larges; quelques-unes de ces tiges sont munies, à certaines articulations, de plusieurs cicatrices raméales, vers lesquelles viennent converger un certain nombre de côtes. En un mot, ces tiges présentent tous les caractères que j'ai pu constater sur les échantillons de *Cal. undulatus* du Houiller moyen que j'ai eus entre les mains, et je ne puis les séparer de cette espèce.

Il est d'ailleurs fort possible, si les Calamites sont bien, comme le pense M. Grand'Eury [1], les portions submergées de plantes équisétiformes, Asté-

---

[1] *Géologie et paléontologie du bassin houiller du Gard*, p. 202 et suiv.

rophyllites ou Calamodendrées, qu'à des plantes différentes par leur feuillage et par leurs épis de fructification correspondent des Calamites absolument semblables en apparence et impossibles dès lors à distinguer spécifiquement.

CALAMITES LEIODERMA. Gutbier.

(Pl. X, fig. 1-3.)

1849. **Calamites leioderma**. Gutbier, *Verst. d. Rothlieg. in Sachs.*, p. 8, pl. 1, fig. 5.

Bien que la figure type de Gutbier soit assez imparfaite, je n'hésite pas à attribuer au *Cal. leioderma* un certain nombre d'échantillons recueillis dans la région de Brive, en raison de leur identité parfaite avec les figures de l'espèce du Permien de la Saxe, publiées par M. Sterzel sous le nom de *Cal. Cisti* [1], le nom de *Cal. leioderma* étant d'ailleurs admis par lui en synonymie. Ils diffèrent du véritable *Cal. Cisti* de Brongniart par leurs côtes un peu moins étroites, moins nettement limitées aux articulations et terminées en pointe moins aiguë, par leurs mamelons moins allongés dans le sens vertical, mais surtout infiniment moins nets et le plus souvent à peu près indiscernables. J'ajouterai, comme caractère secondaire, que les entre-nœuds sont habituellement moins longs par rapport à leur diamètre, bien qu'il puisse y avoir chez l'une et l'autre espèce d'assez grandes variations à cet égard.

L'échantillon représenté sur la figure 1 de la planche X montre à chaque articulation des appendices latéraux normaux à l'axe de la tige, à surface presque lisse, qui me paraissent devoir être regardés comme des racines beaucoup plutôt que comme des rameaux. M. Weiss a figuré d'ailleurs des racines absolument semblables chez le *Calamites arborescens* [2]; de même que chez ce dernier, on remarque, sur la figure 1 de la planche X, que l'écorce charbonneuse, tout le long du bord de la tige, paraît absolument lisse, comme si la production des côtes à la surface était due seulement à la compression de l'écorce et à l'écrasement des tissus suivant certaines lignes de moindre résistance. Il est probable, vu la présence de racines aux articulations, que l'échantillon de la figure 1 représente la partie tout à fait inférieure d'une tige.

Les figures 2 et 3 montrent des fragments de tiges munis de cicatrices raméales disposées en verticilles, et font voir en même temps le raccourcis-

[1] *Flora des Rothlieg. im nordwest. Sachsen*, p. 12, pl. I, fig. 8; pl. II, fig. 1-3; pl. III, fig. 1.
[2] *Steinkohlen-Calamarien*, II, pl. II, fig. 2; pl. III, fig. 1.

sement brusque des articles qui suivent les verticilles de rameaux; sur l'échantillon de la figure 3, on remarque des cicatrices sur deux articulations successives, mais celles du verticille supérieur beaucoup plus petites et moins accusées que celles du verticille inférieur; peut-être les premières correspondraient-elles à des épis de fructification, ces dernières devant seules correspondre à des rameaux feuillés. Il est probable que ces verticilles de rameaux devaient se répéter le long de la tige à intervalles périodiques, ce qui ferait rentrer le *Cal. leioderma* dans le groupe des *Calamitina* de M. Weiss, auquel le *Cal. undulatus* paraît également appartenir.

On peut remarquer, sur ces mêmes figures 2 et 3, combien la longueur des articles est variable d'un échantillon à un autre, ceux de la figure 3 ne dépassant pas 3 centimètres, tandis que, sur la tige dont la figure 2 représente un fragment, ils atteignent près de 7 centimètres.

J'ai reconnu la présence du *Cal. leioderma* dans les couches houillères de Cublac et au niveau de 206 mètres du puits de Larche, où il est particulièrement abondant; c'est de là que viennent les échantillons figurés sur la planche X. Je rapporte en outre à cette même espèce quelques fragments de tiges ou de rameaux recueillis par M. Mouret à Objat, dans les grès à *Walchia*.

CALAMITES NODOSUS. Schlotheim.

1820. **Calamites nodosus**. Schlotheim, *Petrefactenkunde*, p. 401, pl. XX, fig. 3. Brongniart, *Hist. végét. foss.*, 1, p. 133, pl. 23, fig. 2-4.

Je dois mentionner ici, pour être complet, les échantillons du Lardin et de Mazubrier que Brongniart a rapportés au *Cal. nodosus*, et qui m'ont paru en effet, d'après l'examen que j'en ai pu faire dans les collections du Muséum, présenter les caractères essentiels du *Cal. nodosus* de Schlotheim. Ils ont des côtes très fines et une écorce charbonneuse assez épaisse, qui donne à penser qu'il s'agit ici d'un Calamite à tige ligneuse, c'est-à-dire d'une Calamodendrée, sans qu'il soit possible de préciser si l'on a affaire au genre *Arthropitys* ou au genre *Calamodendron*.

Je rappellerai du reste que, pour M. Geinitz [1], le *Cal. nodosus* de Schlotheim ne représenterait autre chose que des rameaux du *Cal. cannæformis*, et que M. B. Renault a observé chez ce dernier une écorce charbonneuse rela-

[1] *Verst. d. Steinkohl. in Sachsen*, p. 5, pl. XIV, fig. 3.

tivement épaisse, d'après laquelle il est porté à le classer dans le genre *Arthro-pitys* [1]. Pour le moment, l'une et l'autre des deux espèces me paraissent encore trop imparfaitement connues pour qu'on puisse juger définitivement si elles doivent ou non être réunies en une seule.

CALAMITES GIGAS. Brongniart.

1828. **Calamites gigas.** Brongniart, *Hist. végét. foss.*, I, p. 136, pl. 27.

Cette espèce a été rencontrée avec une certaine abondance, en échantillons bien caractérisés, dans les grès à *Walchia* du Gourd-du-Diable et d'Objat. Je mentionnerai notamment, de cette dernière localité, un grand fragment de tronc, long de 35 centimètres sur 20 centimètres de largeur, qui a été donné à l'École des Mines par M. Mouret et que j'ai, du reste, déjà signalé [2], en raison de l'intérêt que présentent les variations de longueur de ses articles. Ceux-ci sont au nombre de dix-sept, mais celui d'une des extrémités étant incomplet, on ne peut mesurer sa longueur; les seize autres affectent successivement les dimensions suivantes : $15^{mm} — 15^{mm} — 8^{mm} — 7^{mm} — 12^{mm} — 18^{mm} — 20^{mm} — 10^{mm} — 23^{mm} — 24^{mm} — 19^{mm} — 24^{mm} — 26^{mm} — 35^{mm} — 37^{mm} — 45^{mm}$.

On voit que brusquement, entre deux articles relativement longs, s'intercalent des entre-nœuds très courts, comme le huitième, long seulement d'un centimètre, compris entre deux autres de longueur au moins double. Cependant, en général, à partir d'un entre-nœud court, la longueur va en augmentant peu à peu sur un nombre d'articles variable, pour se réduire ensuite brusquement, comme cela a lieu dans le groupe des *Calamitina;* mais ici la périodicité est très irrégulière et, de plus, on ne voit sur l'empreinte aucun indice de cicatrices raméales. La largeur des côtes varie aussi du simple au double, de 4 à 8 millimètres; mais ceci peut tenir à des phénomènes de compression, les côtes, qui devaient être assez saillantes, chevauchant par places, surtout sur les côtés, les unes sur les autres.

Je rappellerai que M. B. Renault a reconnu chez le *Cal. gigas* l'existence d'un véritable bois présentant les caractères du genre *Arthropitys* [3]; c'était donc un Calamite ligneux, et les empreintes ne représentent que le moule interne de l'étui médullaire.

[1] B. Renault, *Flore foss. du terr. houiller de Commentry*, 2ᵉ part., p. 393.
[2] *Bull. Soc. Géol.*, 3ᵉ sér., VIII, p. 196-197.
[3] *Flore foss. du terr. houill. de Commentry*, 2ᵉ part., p. 436-442.

En dehors des deux localités d'Objat et du Gourd-du-Diable, j'ai observé, dans les empreintes du pont de Larche, une portion de côte isolée, qui pourrait, à la rigueur, appartenir à une Sigillaire, mais qui me paraît susceptible d'être rapportée, avec beaucoup plus de vraisemblance, au *Cal. gigas.*

Genre CALAMOPHYLLITES. Grand'Eury.

CALAMOPHYLLITES VARIANS. Sternberg (sp.).

(Pl. XI, fig. 1.)

1833. **Calamites varians.** Sternberg, *Ess. Fl. monde-prim.*, II, fasc. 5-6, p. 50, pl. XII. Germar, *Verst. d. Steink. v. Wettin u. Löbejün*, p. 47, pl. XX.

En appliquant à l'échantillon représenté sur la figure 1 de la planche XI le nom spécifique de Sternberg, je le prends dans le sens large où l'a compris M. Weiss dans ses belles études sur les Calamariées houillères; mais, parmi les nombreuses variétés qu'il a distinguées dans cette espèce, c'est au *Cal. varians, insignis,* de Wettin, que je serais le plus disposé à rapporter l'échantillon que je figure. Les cicatrices laissées à chaque articulation par les feuilles sont, il est vrai, à peu près indiscernables, et semblent, autant qu'on peut les soupçonner, plutôt allongées dans le sens transversal, comme chez les autres variétés du *Cal. varians;* mais la surface même de l'écorce présente exactement l'aspect particulier que l'on remarque sur l'une des figures du *Cal. varians, insignis,* publiées par M. Weiss[1] : elle est marquée de stries irrégulières excessivement fines, qui la font paraître comme villeuse, bien qu'en réalité, un examen attentif ne permette d'y reconnaître aucune trace de poils. Ce que le spécimen de la figure 1, planche XI, offre d'intéressant, c'est le crevassement très accentué de son écorce, qui dénote une tige âgée et qui semble indiquer que la plante était susceptible de prendre un certain accroissement en diamètre.

Cet échantillon, le seul du genre *Calamophyllites* que j'aie observé dans la région de Brive, a été recueilli par M. Dessort au niveau de 206 mètres de son puits de Larche.

[1] *Steinkohlen-Calamarien*, II, pl. 1, fig. 1.

Genre ASTÉROPHYLLITES. Brongniart.

ASTÉROPHYLLITES EQUISETIFORMIS. Schlotheim (sp.).

1820. **Casuarinites equisetiformis.** Schlotheim, *Petrefactenkunde*, p. 397, pl. I, fig. 1, 2 ; pl. II, fig. 3.

D'assez nombreux échantillons de cette espèce ont été observés dans la région de Brive et à différents niveaux : je citerai les couches houillères d'Argentat, celles de Cublac, la deuxième couche des Parjadis, les niveaux de 430 mètres et de 206 mètres du puits de Larche, et les argilites de Châtres. Je n'en ai pas vu d'empreintes dans les grès à *Walchia*.

ASTÉROPHYLLITES DUMASI. Zeiller. n. sp.

(Pl. XI, fig. 5 à 8.)

Tige (ou rameaux primaires?) larges de 6 à 8 millimètres, à articles longs de 15 à 20 millimètres. *Ramules très grêles, à articles longs de 2 à 4 millimètres. Feuilles linéaires,* presque filiformes, *un peu élargies à la base,* effilées en pointe au sommet, *dressées et légèrement arquées en faux,* longues de 2 à 4 millimètres, *peu nombreuses* (6 à 8?) sur chaque verticille.

Épis de fructification verticillés, cylindriques, portés chacun à l'extrémité d'un court ramule feuillé, longs de 4 à 6 centimètres sur 3 à 4 millimètres de largeur, formés de verticilles alternants de bractées stériles et de sporangiophores. Bractées stériles presques filiformes, très étalées, légèrement arquées, disposées en verticilles espacés de 1 millimètre à 1^{mm},5. Sporangiophores normaux à l'axe, naissant au milieu de l'intervalle compris entre deux verticilles consécutifs de bractées stériles, et portant chacun un groupe de sporanges ovoïdes, probablement au nombre de quatre.

Les seuls échantillons qui aient été recueillis de cette espèce sont malheureusement très fragmentaires et très incomplets, et il est impossible de se rendre un compte exact de la manière dont étaient constitués les rameaux : portaient-ils des ramules régulièrement distiques, comme ceux de l'*Asterophyllites equisetiformis*, ou bien la ramification était-elle irrégulière, comme chez les

Calamocladus du terrain houiller du Gard étudiés par M. Grand'Eury [1]? Il est difficile de le savoir. On voit bien, sur l'échantillon de la figure 5, planche XI, les ramules s'approcher d'une tige articulée beaucoup plus grosse, qui semble avoir eu une écorce charbonneuse assez épaisse; mais on ne les voit pas s'y attacher. Cependant l'hypothèse la plus vraisemblable, d'après la disposition relative des divers éléments de cette empreinte, est que ces ramules aient formé des verticilles réguliers autour de chacune des articulations de cette tige ou de ce rameau.

Une autre observation vient d'ailleurs à l'appui de cette hypothèse, celle des épis de fructification de la figure 6, qui semblent plus nettement, vu leur nombre plus considérable, rangés en verticilles autour de l'axe articulé situé sur le bord de l'échantillon, et qui ne sont autre chose que des ramules transformés; à la base de quelques-uns d'entre eux, on distingue encore une portion feuillée, identique aux ramules de la figure 1, ce qui permet de rapporter à une seule et même espèce ces divers échantillons.

Les feuilles de ces ramules sont très fines et très courtes, rappelant celles de l'*Aster. grandis* Sternberg, du Houiller moyen, ou du *Calamites tenuifolius* Ettingshausen, de Radnitz; mais elles sont plus dressées, plus épaissies à la base et plus courtes encore par rapport à la longueur des articles.

Quant aux épis de fructification, il est malaisé, vu leur état imparfait de conservation, de bien discerner leur mode de constitution : sur certains échantillons, notamment sur ceux d'Objat (fig. 8), on ne voit à droite comme à gauche de l'axe, entre deux verticilles stériles consécutifs, qu'un corps ovoïde unique qui semble fixé sur les bractées elles-mêmes, ce qui m'avait conduit jadis à rapporter ces épis au genre *Sphenophyllum* [2]. L'étude des épis, évidemment identiques à ceux d'Objat, recueillis depuis lors au Gourd-du-Diable par M. Mouret et par M. Delas, m'a permis de constater que ces corps ovoïdes devaient représenter, non des sporanges uniques, mais des groupes de sporanges, fixés, comme dans le genre *Calamostachys* de M. Weiss, probablement au nombre de quatre, sur des sporangiophores normaux à l'axe et partant en verticilles du milieu de l'entre-nœud compris entre deux verticilles consécutifs de bractées; la figure 7 A montre cette disposition, telle qu'on peut la discerner sur quelques parties de l'échantillon (fig. 7).

[1] *Géologie et paléontologie du bassin houiller du Gard*, p. 219-224, pl. XIV, fig. 15; pl. XV, fig. 8; pl. XVI.

[2] *Bull. Soc. Géol.*, 3ᵉ sér., VIII, p. 197-198.

II.   9

Ainsi constitués, ces épis ressemblent beaucoup plus à ceux des vrais *Asterophyllites* qu'à ceux que M. Grand'Eury a observés sur ses *Calamocladus*, et dans lesquels il n'y a, comme chez nos *Equisetum,* que des verticilles fertiles formés de sporangiophores peltés portant chacun un nombre de sporanges relativement considérable.

Je n'hésite donc pas à ranger dans le genre *Asterophyllites* cette espèce, évidemment nouvelle, que je dédie à M. Aug. Dumas, inspecteur des bâtiments à la Compagnie du chemin de fer d'Orléans et membre de la Société géologique de France, aux recherches de qui je dois un certain nombre d'échantillons intéressants, et en particulier le *Schizodendron speciosum* représenté sur la figure 5 de la planche XV.

L'*Aster. Dumasi* n'a été observé jusqu'à présent que dans les grès à *Walchia*, à Objat d'abord, où l'on n'en a trouvé que des épis isolés, puis au Gourd-du-Diable, où M. Mouret en a récolté divers spécimens, et où M. Delas a recueilli également le bel échantillon fructifié de la figure 6.

Le *Calamites gigas* ayant été précisément trouvé dans ces deux mêmes localités, on est autorisé à se demander si ce ne sont pas ses rameaux feuillés que nous présente l'*Aster. Dumasi;* mais on ne peut que poser la question, en souhaitant que des documents plus complets permettent un jour de la résoudre.

Genre MACROSTACHYA. Schimper.

MACROSTACHYA CARINATA. German (sp.).

1851. **Huttonia carinata.** German, *Verst. d. Steink. v. Wettin u. Löbejün,* p. 90, pl. XXXII, fig. 1, 2.

Je désigne sous ce nom, ainsi que je l'ai déjà fait ailleurs[1], les grands épis de fructification plus généralement connus sous le nom de *Macr. infundibuliformis*, ces épis ne pouvant, comme on l'a reconnu depuis longtemps[2], être identifiés à l'*Equisetum infundibuliforme* de Bronn, dont le nom, par conséquent, ne doit pas leur être appliqué.

Le *Macr. carinata* étant assez répandu dans le Houiller supérieur et à la base du Permien, on devait s'attendre à le rencontrer dans la région de Brive; on ne l'a cependant observé que dans deux localités : à Argentat et aux

[1] *Expl. Carte Géol. Fr.,* IV, 2ᵉ part., p. 23, pl. CLIX, fig. 4.
[2] Voir notamment Weiss, *Steinkohlen-Calamarien,* I, p. 72, 93.

Brandes, dans le bassin de Chabrignac. Mais M. Delas a recueilli dans le vallon de la Nuelle, près de Peyrignac, un fragment d'une grosse tige articulée, à larges cicatrices discoïdes, identique à celles qui ont été trouvées associées à ces épis en Saxe et ailleurs, et même, à Commentry[1], en relation directe avec eux; des recherches plus suivies sur ces affleurements y feraient sans doute découvrir aussi les épis correspondants.

Genre ANNULARIA. Sternberg.

ANNULARIA STELLATA. Schlotheim (sp.).

1820. **Casuarinites stellatus.** Schlotheim, *Petrefactenkunde,* p. 397, pl. I, fig. 4.
1826. **Brukmannia tuberculata.** Sternberg, *Ess. Fl. monde prim.*, I, fasc. 4, p. 45, p. xxxix, pl. XLV, fig. 2.

L'*Ann. stellata* a été trouvé assez abondamment dans les schistes houillers et, plus généralement, dans les roches à faciès houiller de la région de Brive, tant sous la forme de rameaux feuillés que sous celle, moins fréquente cependant, d'épis de fructification (*Brukmannia tuberculata*).

J'ai constaté sa présence dans les localités suivantes : Argentat; la Capelle Marival; Cublac, Loubignac, le Lardin, Lage; affleurements du vallon de la Nuelle, près de Peyrignac; puits Sautet; deuxième et troisième couches des Parjadis; grès de la Cabane, et niveau de 206 mètres du puits de Larche.

Dans les grès à *Walchia*, je n'en ai observé qu'un seul épi, au Perrier, mais pas de rameaux feuillés; l'absence habituelle de cette espèce dans ces grès me paraît d'ailleurs devoir être liée aux conditions de formation de la roche, son existence à ce niveau étant attestée dans tous les cas par l'épi trouvé au Perrier.

Peut-être faudrait-il lui rapporter également un autre fragment d'épi, recueilli par M. Mouret au pont de Larche, et qui pourrait n'être qu'un *Brukm. tuberculata* non complètement développé; je crois cependant, bien qu'il ne soit pas susceptible d'une détermination précise, que cet épi doit appartenir plutôt à quelque autre type spécifique.

[1] B. Renault, *Flore foss. du terr. houiller de Commentry,* 2ᵉ part., p. 421, pl. LI.

ANNULARIA SPHENOPHYLLOIDES. Zenker (sp.).

1833. **Galium sphenophylloides.** Zenker, *Neues Jahrb. f. Min.*, 1833, p. 398, pl. V, fig. 6-9.

Quoiqu'il soit moins commun que l'*Ann. stellata*, l'*Ann. sphenophylloides* a été trouvé sur plusieurs points dans la région de Brive, savoir : à Argentat; à la Capelle-Marival; à la Villedieu, près de Cublac; au puits Sautet, et dans les grès à *Walchia,* à la ferme Morel; de cette dernière provenance, je n'ai vu qu'une seule rosette de feuilles, de dimensions particulièrement réduites, car leur longueur est à peine égale à 2 millimètres; néanmoins leur forme nettement spatulée, acuminée au sommet, ne me permet pas d'hésiter sur l'attribution spécifique.

ANNULARIA SPICATA. Gutbier (sp.).

(Pl. XI, fig. 2 à 4.)

1849. **Asterophyllites spicata.** Gutbier, *Verst. d. Rothlieg. in Sachs.*, p. 9, pl. II, fig. 1-3.
1828. **Annularia minuta.** Brongniart, *Prodr.*, p. 155, 175 (*sans description*).

Brongniart avait, en 1828, signalé, comme provenant de Terrasson, un *Annularia* qu'il rapprochait, avec doute, du reste, du *Bechera dubia* de Stern-berg; et qu'il désignait sous le nom d'*Ann. minuta* sans le définir autrement; cette espèce n'ayant, finalement, jamais été décrite ni figurée par lui, le nom en a été employé par différents auteurs avec les interprétations les plus di-verses et a fini par être, avec raison, presque complètement abandonné.

La localité type de Terrasson se trouvant comprise dans la région dont j'étudiais la flore, il m'a paru qu'il y aurait un intérêt, au moins historique, à rechercher et à faire connaître les échantillons que Brongniart avait eus en vue; ils sont catalogués dans les collections du Muséum d'histoire naturelle de Paris sous les numéros 3389 et 3390 : le premier, que je représente sur la figure 3 de la planche XI, est étiqueté comme provenant « *de la Combe-de-Souillac, Terrasson (Dordogne).* Brard. 1819 »; l'autre, reproduit sur la figure 2 de la planche XI, porte l'étiquette « *Terrasson.* Brard. 1823 ». Tous deux se rapportent évidemment à la même espèce, ce dernier toutefois avec des feuilles un peu plus longues. On remarque d'ailleurs, sur l'échantil-lon de la figure 4, planche XI, qui vient de Coulandon, dans l'Allier, des variations à peu près aussi considérables dans la dimension des feuilles. En s'en tenant aux derniers ramules, qui portent les plus petites feuilles, on ne peut hésiter sur l'identification de ces échantillons avec l'*Ann. spicata* Gutbier (sp.), du Permien de la Saxe et du bassin de la Sarre. L'espèce de Brongniart s'est donc trouvée décrite sous un autre nom avant d'avoir été définie, et d'ailleurs l'emploi arbitraire qui avait été fait, pour diverses autres espèces, de ce nom d'*Ann. minuta*, n'aurait, en aucun cas, permis de le conserver.

Cette espèce ressemble beaucoup à l'*Ann. microphylla* Sauveur, du Houiller moyen; elle s'en distingue toutefois par son aspect moins dense, les feuilles de chaque rosette paraissant moins serrées les unes contre les autres, et par la forme moins régulièrement elliptique de ces feuilles, qui s'élargissent plutôt un peu au delà de leur milieu et sont un peu plus étroites par rapport à leur longueur; enfin l'on ne voit pas à leur surface ces stries ou ces poils fins qui se montrent toujours sur celles de l'*Ann. microphylla*.

Bien que l'échantillon de la figure 4 ne vienne pas de la région de Brive, il m'a paru intéressant de le faire figurer, comme étant plus complet qu'aucun de ceux qui ont été publiés jusqu'à présent; il montre nettement la disposition distique des rameaux de divers ordres et l'étalement de ces rameaux et de leurs rosettes de feuilles dans un même plan. On y aperçoit en outre, aux articulations de l'axe principal, des feuilles dressées et probablement légèrement soudées entre elles à leur base, comme celles qui ont été observées sur les tiges de l'*Ann. sphenophylloides* et de l'*Ann. stellata*; il est possible, d'après cela, qu'on ait également affaire ici à une tige, plutôt qu'à un rameau primaire.

L'*Ann. spicata* est généralement considéré comme propre au Permien inférieur; M. Grand'Eury cite toutefois dans le Houiller supérieur du Gard un *Annularia* qu'il rapporte à l'*Ann. minuta* de Brongniart [1]; mais ce nom a été, comme je l'ai dit, employé dans tant de sens différents, qu'il est impossible de savoir si l'espèce qui a été observée dans le Gard est ou non identique à celle de Terrasson. D'autre part, M. Weiss a signalé, dans la Sarre, la présence de l'*Ann. spicata*, non seulement au sommet du système d'Ottweiler, mais dès le milieu du système de Saarbrück [2]; peut-être y a-t-il eu confusion, pour cette dernière provenance, avec l'*Ann. microphylla*. En tout cas, dans la région de Brive, l'*Ann. spicata* se montre dans les couches de passage du Houiller au Permien pour se continuer de là dans ce dernier terrain.

[1] *Géologie et paléontologie du bassin houiller du Gard*, p. 201.
[2] *Foss. Fl. d. jüngst. Steinkohl.*, p. 129, 238.

D'après les renseignements qu'a bien voulu me donner M. Mouret, l'échantillon original de Brongniart doit venir de Lage plutôt que de la Combe-Souillac, ce dernier point étant déjà sur le Trias; ce qu'il y a de certain, c'est que les échantillons envoyés par Brard à Brongniart ont été recueillis dans le périmètre de la concession du Lardin. J'ai, moi-même, observé l'*Ann. spicata* dans les argilites du vallon de la Nuelle, près de Peyrignac, où il n'est pas très rare; dans les empreintes du ravin en face du puits Neuf, près de Cublac, mais à l'état trop fragmentaire pour que la détermination ne laisse pas prise à quelques doutes, et enfin à la Cave dans les grès à *Walchia*.

SPHÉNOPHYLLÉES.

Genre SPHENOPHYLLUM. Brongniart.

SPHENOPHYLLUM OBLONGIFOLIUM. Germar et Kaulfuss (sp.).

(Pl. XIV, fig. 5, 6.)

1831. **Rotularia oblongifolia.** Germar et Kaulfuss, *Nov. Act. Acad. natur. curios.*, XV, part. 2, p. 225, pl. LXV, fig. 3.
1828. **Sphenophyllum quadrifidum.** Brongniart, *Prodr.*, p. 68, 172 (*sans description*).

Le *Sphenophyllum oblongifolium* est l'une des espèces qu'on rencontre le plus fréquemment dans les dépôts houillers ou à faciès houiller de la région de Brive; il s'y présente en général sous la forme que montrait déjà la figure type de Germar et Kaulfuss, c'est-à-dire avec ses feuilles groupées deux par deux en trois paires, les deux paires latérales étalées à droite et à gauche de l'axe, et la troisième placée en avant, plus courte que les deux autres; c'est ce qu'on voit, par exemple, sur les deux ramules de l'échantillon de la figure 5, planche XIV.

Le plus souvent, ces feuilles sont simplement divisées par une échancrure médiane en deux lobes simples à bord denté; mais on observe quelquefois des feuilles beaucoup plus profondément découpées, qu'on hésiterait certainement, si on les rencontrait isolées, à rapporter au *Sphen. oblongifolium*. C'est ce qui a lieu, par exemple, sur l'échantillon de la figure 5, planche XIV, qui n'est autre chose que le type du *Sphen. quadrifidum* de Brongniart, simplement cité par lui dans son *Prodrome*, et qui n'a jamais été décrit ni figuré:

il montre, entre les deux ramules garnis de feuilles normales rapprochées deux par deux en trois paires, un verticille à feuilles profondément quadrifides, dont chaque lobe se termine en une pointe extrêmement aiguë. Il est facile de constater que le rameau auquel appartenait ce verticille, et dont on ne voit que la section transversale, représentée par le cercle autour duquel sont disposées les feuilles, avait un diamètre sensiblement supérieur à celui des deux ramules latéraux. De ces deux ramules, celui de droite venait évidemment s'insérer à l'articulation même qui portait le verticille de feuilles découpées; quant à celui de gauche, on remarque que la plus grande partie de son verticille inférieur est demeurée engagée dans la roche au-dessous du verticille du rameau, et il paraît probable qu'il devait partir de l'articulation immédiatement inférieure de ce même rameau.

La présence, sur ces deux ramules, de feuilles moins divisées que celles du rameau dont ils dépendaient, est conforme à ce que M. B. Renault a observé sur certains échantillons de la même espèce recueillis à Commentry : il a vu, en effet, des rameaux garnis de feuilles normales venir s'insérer sur des tiges ou sur des rameaux plus gros, portant à leurs articulations des feuilles linéaires tout à fait simples, ou du moins des feuilles formées de lobes simples à peine soudés entre eux à leur base [1], et tout à fait semblables d'aspect à des feuilles d'Astérophyllites. Le degré de découpure des feuilles variait donc d'un point à l'autre de la plante, suivant l'ordre des rameaux auxquels elles appartenaient.

Des faits du même genre avaient été constatés déjà chez le *Sphen. cuneifolium* du Houiller moyen et chez sa variété *saxifragæfolium*, et l'on avait généralement admis que, comme chez les Renoncules aquatiques, les feuilles à limbe largement développé appartenaient à des rameaux émergés, tandis que les feuilles profondément découpées en étroites lanières avaient dû vivre entièrement plongées dans l'eau. Il est possible qu'en effet les différences de milieu aient pu se faire sentir ainsi chez les *Sphenophyllum* par des effets de dimorphisme; mais il est évident, d'autre part, que pour l'échantillon de la figure 5, planche XIV, comme pour ceux de Commentry figurés par M. Renault, les ramules latéraux, à feuilles normales pourvues d'un limbe à peine divisé, ont dû se trouver plongés, tout au moins sur une portion de leur étendue, dans le même milieu que les rameaux à feuilles très découpées dont ils dé-

---

[1] B. Renault, *Flore foss. du terr. houiller de Commentry*, p. 483, 2ᵉ part., pl. L, fig. 1, 2.

pendaient. Ces phénomènes de polymorphisme des feuilles étaient donc, au moins en partie, indépendants du milieu, comme, du reste, bon nombre de ceux qu'on observe aujourd'hui, par exemple sur certains végétaux ligneux.

Sur les échantillons de Commentry, les feuilles simples ou divisées presque jusqu'à leur base en lobes linéaires sont insérées sur des tiges ou de gros rameaux mesurant 4 à 5 millimètres de largeur; sur l'échantillon de la figure 5, planche XIV, le verticille de feuilles quadrifides appartient à un rameau de 2 millimètres environ de diamètre; mais des feuilles presque semblables peuvent se montrer encore sur des rameaux plus petits, et presque jusqu'à leur sommet, comme le prouve l'échantillon du Lardin représenté sur la figure 6 de la même planche XIV. D'autre part, d'un échantillon à l'autre, le degré de découpure varie, de telle façon qu'on finit par trouver tous les intermédiaires entre les feuilles très découpées et les feuilles normales; ainsi la lacune qui existerait encore entre ces dernières et les feuilles les moins divisées du ramule de la figure 6, planche XIV, serait comblée par l'un des échantillons de la Saxe figurés par M. H.-B. Geinitz [1], lequel montre des feuilles divisées, par une échancrure médiane atteignant à peine les deux cinquièmes ou au maximum la moitié de la longueur, en deux lobes eux-mêmes plus ou moins profondément bidentés.

En tout cas, ces formes à feuilles très découpées sont toujours beaucoup plus rares que la forme normale à limbe peu profondément divisé.

Il y a lieu de remarquer que ces feuilles plus découpées sont, en général, plus régulièrement réparties autour du centre du verticille, et n'affectent guère la disposition par paires que montrent si fréquemment les feuilles normales; celles-ci sont, du reste, disposées aussi quelquefois en verticilles tout à fait réguliers. Ces variations dans le mode de répartition des feuilles d'un même verticille prouvent bien, par parenthèse, qu'on ne doit, ainsi que je l'ai dit ailleurs [2], attacher aucune valeur générique ni spécifique à ce groupement par paires, qui avait donné lieu jadis, pour une espèce du système des Gondwanas de l'Inde, chez laquelle il paraît constant, à l'établissement du genre *Trizygia*.

Les localités où j'ai constaté la présence du *Sphen. oblongifolium* sont les suivantes : Argentat; Cublac, Loubignac, la Tuilière, la Villedieu; le Lardin; vallon de la Nuelle, près Peyrignac; puits Sautet; la Chapelle-aux-

[1] *Verst. d. Steinkohl. in Sachsen*, pl. XX, fig. 11.
[2] *Bull. Soc. Géol.*, 3ᵉ sér., XIX, p. 673-678. (*Sur la valeur du genre* Trizygia.)

Brots; la Cabane (près de Cublac), et le niveau de 206 mètres du puits de Larche.

Il ne semble pas qu'il monte jusque dans les grès à *Walchia*.

SPHENOPHYLLUM ANGUSTIFOLIUM. Germar.

1845. **Sphenophyllites angustifolius.** Germar, *Verst. d. Steink. v. Wettin u. Löbejün*, p. 18, pl. VII, fig. 4-8.

M. Grand'Eury a signalé à Cublac [1] cette espèce, qui y a été retrouvée par M. Mouret et qu'on doit s'attendre à rencontrer également dans d'autres localités de la région, en raison de la fréquence avec laquelle elle se montre dans les couches élevées du Houiller supérieur.

SPHENOPHYLLUM TENUIFOLIUM. Fontaine et White.

(Pl. XII, fig. 5, 6.)

1880. **Sphenophyllum tenuifolium.** Fontaine et White, *Permian Flora*, p. 38, pl. I, fig. 9.

Je rapporte sans hésitation à ce *Sphenophyllum*, qui n'avait été observé jusqu'à présent que dans le Permien de la Virginie, une série assez importante d'échantillons recueillis par M. Dessort au niveau de 206 mètres du puits de Larche. Ils diffèrent nettement, en effet, du *Sphen. angustifolium*, la seule espèce avec laquelle on pourrait être tenté de les confondre, par leurs feuilles plus étalées, un peu moins étroites par rapport à leur longueur, terminées surtout par des dents beaucoup moins longues et moins aiguës, et généralement réunies trois par trois en deux groupes symétriques d'un côté à l'autre de la tige. C'est ce qu'on voit notamment sur la figure 6 de la planche XII; quelquefois, cependant, les deux feuilles antérieures de chaque groupe sont demeurées dans la roche de la contre-empreinte, et il ne reste que quatre feuilles de chaque verticille, comme sur la plus grande partie de l'échantillon de la figure 5.

Je n'ai d'ailleurs observé cette espèce que dans cette seule localité de tout le bassin houiller et permien de Brive.

[1] *Flore carb. du dép. de la Loire*, p. 529.

SPHENOPHYLLUM THONI. Mahr.

(Pl. XII, fig. 7 à 10.)

1868. **Sphenophyllum Thonii**. Mahr, *Zeitschr. d. deutsch. geol. Gesellsch.*, XX, p. 433, pl. VIII, fig. 1-4.

Le *Sphen. Thoni* a été rencontré sur divers points de la région de Brive, mais parfois sous des formes quelque peu ambiguës, du moins en apparence, dont il me paraît utile de dire ici quelques mots. Je mentionnerai d'abord certaines empreintes du niveau de 206 mètres du puits de Larche, où, à côté des grandes feuilles frangées caractéristiques de cette belle espèce, on aperçoit d'autres verticilles formés de feuilles beaucoup plus petites, sur le bord desquelles on ne peut discerner aucune dent, et qu'on serait tenté de rapporter au *Sphen. verticillatum* Schlotheim (sp.) (*Sphen. Schlotheimi* Brongniart); mais si l'on dégage les axes auxquels s'attachent ces derniers verticilles, on les voit s'insérer de la façon la plus nette, comme le montre la figure 7 de la planche XII, sur les rameaux du *Sphen. Thoni* : il n'y a donc pas à douter que toutes ces feuilles appartiennent réellement à cette espèce. Il serait naturel de penser que l'absence de franges sur les feuilles les plus petites n'est qu'apparente, et que les dents ne manquent que parce qu'elles sont repliées en dessous ou bien qu'elles sont restées engagées dans la roche de la contre-empreinte. Cependant le fait est constant, et je n'ai jamais pu, sur aucune de ces petites feuilles, réussir à découvrir aucune trace de laciniures sur le bord du limbe. Il en est de même, au surplus, sur le bel échantillon de Saint-Pierre-Lacour que j'ai figuré jadis [1] : les quelques verticilles de feuilles plus petites qu'on y voit à côté des feuilles normales paraissent également avoir le bord tout à fait entier ou tout au plus légèrement crénelé. On pourrait en venir, d'après cela, à se demander si le *Sphen. Thoni* et le *Sphen. verticillatum*, auquel M. Mahr avait, en 1868, comparé son espèce, sont bien distincts spécifiquement, ou s'ils ne représenteraient pas plutôt des parties différentes d'une seule et même plante.

Je ne crois pas toutefois qu'on puisse admettre cette dernière idée, même s'il était définitivement établi, par un plus grand nombre d'observations, que les franges caractéristiques manquent réellement sur les feuilles du *Sphen.*

[1] *Expl. Carte Géol. Fr.*, IV, pl. CLXI, fig. 9.

Thoni lorsqu'elles descendent au-dessous d'une certaine taille : en effet, le *Sphen. verticillatum* commence à se montrer, dans le Houiller supérieur, bien avant le *Sphen. Thoni*, qui, lui, n'apparaît qu'au sommet de ce terrain, dans des couches confinant déjà presque au Permien. On ne peut donc songer à réunir ces deux espèces.

D'un autre côté, j'ai observé, dans les grès du Gourd-du-Diable, de nombreux échantillons de *Sphen. Thoni* qui semblent absolument dépourvus de franges, bien que leurs feuilles atteignent des dimensions tout à fait normales; tel est le cas de celui de la figure 9, planche XII; mais, malgré l'absence fréquente de laciniures sur les bords des diverses feuilles d'un même verticille ou de plusieurs verticilles consécutifs, la présence, dans le même gisement, de rameaux semblables à feuilles visiblement frangées, comme celui de la figure 8, atteste qu'ici l'absence de ces franges ne résulte que d'un accident de conservation. De même, sur la portion de verticille de la figure 10, la feuille de gauche présente nettement ses longues dents aiguës, tandis que les autres semblent avoir le bord entier. Il est dès lors possible que, sur les petites feuilles, les dents aient également existé, mais que, normalement recourbées en dessus ou en dessous, elles soient demeurées constamment engagées dans la roche, et par conséquent invisibles. Je ne saurais toutefois rien affirmer dans un sens ni dans l'autre en ce qui concerne ces petites feuilles, et je me borne à appeler l'attention sur ce point.

Je ferai remarquer, sur l'échantillon de la figure 9, la tendance qu'ont les feuilles de chaque verticille à se rapprocher deux par deux par paires de longueurs inégales : ainsi, sur le verticille supérieur de cette figure, les deux feuilles dirigées à droite et en haut sont sensiblement plus petites que les deux paires, diamétralement opposées l'une à l'autre, entre lesquelles elles se trouvent comprises. On se rapproche là de la disposition particulière qu'on rencontre si fréquemment chez le *Sphen. oblongifolium,* et qui avait servi de base à l'établissement du genre *Trizygia.*

Ce que j'ai dit tout à l'heure de l'irrégularité avec laquelle se présentent, au moins dans certaines roches, les dents des feuilles même de grandes dimensions, ne me permet pas d'hésiter sur l'identification au *Sphen. Thoni* du *Sphen. Stoukenbergii* du Permien de Russie [1], que M. Schmalhausen ne

[1] Schmalhausen, *Pflanzenreste der Artinsk. u. Perm. Ablagerungen,* p. 5, 33; pl. II, fig. 1-5, 7-12 (*an* fig. 6 ?).

lui avait comparé qu'avec doute, et qui me paraît absolument identique aux formes que j'ai observées dans les grès du Gourd-du-Diable.

Les localités du bassin de Brive dans lesquelles j'ai constaté la présence du *Sphen. Thoni* sont : la Chapelle-aux-Brots, où je n'en ai vu qu'un seul échantillon, mais bien caractérisé; la couche de 206 mètres du puits de Larche, et la carrière du Gourd-du-Diable où il est particulièrement abondant.

LYCOPODINÉES.

Genre LEPIDODENDRON. Sternberg.

LEPIDODENDRON GAUDRYI. Renault.

(Pl. XIII, fig. 3, 4.)

1890. **Lepidodendron Gaudryi.** Renault, *Fl. foss. du terr. houill. de Commentry*, 2ᵉ partie. Atlas, p. 6, pl. LVIII, fig. 6, 7; Texte, p. 505.

Cette intéressante espèce, qui, par les bourrelets longitudinaux sinueux compris entre ses coussinets foliaires, ne laisse pas de ressembler quelque peu au *Lep. Veltheimi* du Culm, a été observée pour la première fois à Commentry, dans des couches appartenant à la région la plus élevée du Houiller supérieur: Elle a été retrouvée, dans la région de Brive, au niveau de 206 mètres du puits de Larche, où elle est accompagnée déjà de diverses formes permiennes, telles, notamment, que le *Callipteris conferta*, l'*Odontopteris Qualeni*, le *Sphenophyllum tenuifolium*. C'est vraisemblablement l'un des derniers représentants du genre *Lepidodendron*, avec le *Lep. posthumum*, la seule espèce de ce genre qui eût été jusqu'à présent rencontrée dans le Permien, mais qui, elle, appartient à un niveau encore plus élevé.

Les figures du *Lep. Gaudryi* publiées par M. Renault ne montrant pas d'une façon nette la cicatrice foliaire, qui se trouve en partie voilée par suite de l'écrasement de la partie saillante du coussinet, j'ai tenu à montrer, sur la figure grossie 3 A, la forme de cette cicatrice, telle qu'on peut l'observer en faisant sauter au burin les parties de la roche qui recouvrent ses bords : elle affecte, comme on le voit, un contour rhomboïdal presque régulier, à côtés inférieurs rectilignes ou légèrement convexes en dehors; elle diffère ainsi très nettement de celles du *Lep. Veltheimi* et du *Lep. Jaraczewskii*, qui ont l'une et l'autre leurs bords inférieurs franchement sinueux et en partie concaves vers le bas.

L'échantillon dont la figure 4 reproduit une portion présente une série de crevasses longitudinales très profondes, qui se suivent sur toute son étendue, c'est-à-dire sur 15 centimètres de longueur, et qui semblent dénoter une tige âgée.

Je n'ai observé le *Lep. Gaudryi* qu'au puits de Larche, au niveau de 206 mètres.

Genre LEPIDOPHLOIOS, Sternberg.

LEPIDOPHLOIOS LARICINUS. Sternberg.

1820. **Lepidodendron laricinum.** Sternberg, *Ess. Fl. monde prim.*, I, fasc. 1, p. 23, 25, pl. XI, fig. 2-4.

Le *Lepidophloios laricinus* a été signalé à diverses reprises déjà dans le Houiller supérieur, et même dans ses couches les plus élevées, notamment à Commentry. Il n'y a dès lors rien de bien surprenant à le retrouver dans la région de Brive, dans les couches de passage du Houiller au Permien, avec sa forme normale, c'est-à-dire présentant sur son écorce des coussinets rhomboïdaux de dimensions médiocres, plus larges que hauts, nettement imbriqués, et à cicatrice foliaire rejetée vers le bas.

Il n'a été toutefois observé jusqu'à présent que sur un seul point, au niveau de 206 mètres du puits de Larche.

LEPIDOPHLOIOS DESSORTI. Zeiller. n. sp.

(Pl. XIII, fig. 1, 2.)

Surface de l'écorce divisée en *compartiments rhomboïdaux allongés dans le sens vertical*, représentant les bases des mamelons foliaires, hauts de 15 à 20 millimètres sur 10 à 12 millimètres de largeur, à extrémités supérieure et inférieure légèrement infléchies en sens inverses, marqués d'une carène longitudinale sur leur moitié inférieure, et *séparés les uns des autres par d'étroites bandes sinueuses* striées longitudinalement. *Partie saillante du mamelon réfléchie vers le bas, et s'élargissant graduellement* jusqu'à atteindre 15 millimètres de largeur et même davantage.

Cicatrice foliaire rejetée au-dessous du milieu de la base du mamelon, affectant une forme rhomboïdale régulière, plus large que haute, à bord supérieur arrondi, munie à l'intérieur de trois cicatricules, celle du milieu elliptique ou arquée, et accompagnée, à 2 ou 3 millimètres au-dessus de son bord supérieur, d'une cicatricule triradiée.

Le développement considérable de la partie saillante des mamelons foliaires et son rabattement vers le bas donnent aux empreintes de cette curieuse espèce une complexité toute particulière, en raison de laquelle il est nécessaire d'entrer dans quelques détails explicatifs. L'échantillon de la figure 1, planche XIII, offrait sur toute son étendue, lorsque je l'ai reçu de M. Dessort, l'aspect que présente encore sur cette figure la partie inférieure, teintée en gris foncé : on aurait dit un *Lepidodendron,* à très large cicatrice foliaire occupant toute la largeur du mamelon, mais ne laissant voir aucune cicatricule interne. Cependant cette prétendue cicatrice, indiquée par des hachures obliques sur la figure grossie 1 D, se montrait çà et là marquée de plis irréguliers, parfois même d'une carène médiane faisant suite à celle de la partie supérieure du mamelon, ce qui semblait assez singulier et pouvait donner à penser qu'on n'avait point affaire là à la véritable cicatrice foliaire et que celle-ci devait être masquée par l'écrasement de la protubérance charnue sur laquelle elle avait dû être portée. En cherchant à la dégager, j'ai déterminé le décollement brusque, sur toute la portion supérieure de l'échantillon, d'une mince lame discontinue de schiste, à la place de laquelle est apparue l'empreinte toute différente que l'on voit teintée en gris clair sur la figure 1.

Une préparation faite alors avec plus de soin m'a montré qu'on pouvait, pour chaque coussinet, détacher comme une sorte de cadre toute la partie qui, sur la figure 1 D, ne porte pas de hachures obliques; la prétendue cicatrice foliaire, qui apparaissait auparavant par l'ouverture de ce cadre, n'était, en réalité, qu'une portion de l'empreinte laissée par la surface antérieure du coussinet, lequel se présente, après l'enlèvement du cadre, avec l'aspect de ceux des *Lepidophloios,* rabattu vers le bas et portant à sa partie inférieure la cicatrice foliaire véritable, à contour rhomboïdal, aux deux angles de laquelle viennent s'arrêter ses arêtes latérales (fig. 1 A); au-dessus de cette cicatrice se montre toujours une cicatricule triangulaire ou plutôt triradiée, généralement comprise entre deux plis longitudinaux, qui font suite à la carène médiane de la partie supérieure du mamelon. Le tracé pointillé de la fig. 1 D indique la place qu'occupe, au-dessous de la surface primitive, et par rapport à la base du mamelon, la partie saillante élargie à l'extrémité de laquelle était portée la cicatrice foliaire. La figure grossie 1 C montre l'empreinte de la portion supérieure du mamelon, après enlèvement de toute la portion infé-rieure de la base d'attache. Enfin la figure 1 B reproduit l'empreinte laissée par une feuille encore attachée à l'un des mamelons foliaires.

L'échantillon de la figure 1 doit sans doute la bonne conservation de ses diverses parties à ce qu'il n'a pas subi une trop forte compression; mais on trouve le plus souvent cette espèce sous forme d'empreintes beaucoup plus confuses, la portion saillante, et rejetée vers le bas, des mamelons foliaires s'étant écrasée ou du moins imprimée sur leur base, de telle sorte que les contours des diverses parties se superposent et se confondent. Tel est le cas de l'échantillon (fig. 2), sur lequel cependant les cicatrices foliaires sont encore sur un plan un peu différent du reste de l'empreinte et peuvent être dégagées au burin; c'est ainsi que j'ai pu mettre en évidence une de ces cicatrices, un peu à gauche et au-dessous du milieu de la figure. Sur d'autres échantillons, l'on ne discerne plus aucun contour précis, çà et là seulement une cicatrice foliaire vaguement encadrée par un contour rhomboïdal à angles latéraux arrondis, qui correspond à la base du mamelon, le tout partiellement voilé par de fines lamelles charbonneuses ou schisteuses indiquant le rabattement des parties saillantes de ces mamelons contre la surface de la tige dont elles dépendaient.

L'aspect que présente la portion supérieure de la figure 1, la forte saillie et la largeur des mamelons foliaires, la place qu'occupe la cicatrice foliaire elle-même, rejetée bien au-dessous du milieu de la base de chaque mamelon, ne permettent pas de ranger cette espèce ailleurs que dans le genre *Lepido-phloios;* mais elle diffère de toutes les autres espèces de ce genre par la forme de la base de ses mamelons foliaires, allongée dans le sens vertical et non pas plus large que haute. Elle se rapproche par là du genre *Lepidodendron*, et pourrait être considérée comme établissant un lien entre ces deux genres.

Ne pouvant la rapporter à aucune forme spécifique déjà décrite, je l'ai dédiée à M. Dessort, qui l'a découverte au niveau de 206 mètres de son puits de recherche de Larche; c'est d'ailleurs le seul point où elle ait été observée.

Genre KNORRIA. Sternberg.

KNORRIA SELLONI. Sternberg.

1826. **Knorria Sellonii.** Sternberg, *Ess. Fl. monde prim.*, 1, fasc. 4, p. xxxvii, pl. LVII.

Je rapporte à cette espèce, prise dans son sens le plus large, des moules internes provenant, suivant toute vraisemblance, d'écorces de Lépidodendrées, et dont la surface se montre hérissée de baguettes droites ou courbes, longues de 5 à 10 millimètres et plus ou moins rapprochées; ces baguettes doivent représenter le moulage des vides laissés dans ces écorces par la destruction des faisceaux libéroligneux qui se rendaient aux feuilles.

Puits de Larche, niveau de 206 mètres.

Genre LEPIDOSTROBUS. Brongniart.

LEPIDOSTROBUS FISCHERI. Renault.

1890. **Lepidostrobus Fischeri.** Renault, *Flore foss. du terr. houiller de Commentry*, 2ᵉ partie, Atlas, p. 6, pl. LXI, fig. 3; Texte, p. 526.

Il a été trouvé dans les travaux de recherche du puits de Larche, au niveau de 206 mètres, plusieurs échantillons de *Lepidostrobus,* trop peu différents les uns des autres pour qu'il soit possible de les séparer spécifiquement, bien que leur diamètre varie de 3 jusqu'à 6 centimètres. Par la direction fortement dressée de la portion basilaire des bractées, comme par le développement et la forme de leur portion limbaire, ces cônes me paraissent identiques au *Lep. Fischeri* de Commentry; ils ressemblent aussi, il est vrai, mais moins étroitement, à deux autres espèces, décrites par M. Renault dans le même travail sous les noms de *Lep. Geinitzi* et de *Lep. Gaudryi;* on peut, au surplus, se demander si ces trois espèces de Commentry sont bien distinctes les unes des autres et si les différences que l'on peut constater entre elles ont réellement une valeur spécifique.

Il n'est pas sans intérêt, en tout cas, de constater qu'au puits de Larche, comme à Commentry, ces cônes ont été trouvés associés au *Lepidodendron Gaudryi.*

Genre LEPIDOPHYLLUM. Brongniart.

LEPIDOPHYLLUM MAJUS. Brongniart.

1828. **Lepidophyllum majus.** Brongniart, *Prodr.*, p. 87; *Class. vég. foss.*, pl. II, fig. 4.

Je crois pouvoir rapporter à cette espèce, en raison de ses dimensions considérables, une bractée isolée trouvée par M. Mouret au puits au Jus de la mine de Chabrignac.

LEPIDOPHYLLUM LANCEOLATUM. Lindley et Hutton.

1831. **Lepidophyllum lanceolatum.** Lindley et Hutton, *Foss. Fl. Gr. Brit.*, I, pl. 7, fig. 3, 4.

Il a été recueilli au niveau de 206 mètres du puits de Larche un certain nombre de bractées isolées, identiques de tout point au *Lepid. lanceolatum*, lequel a, du reste, été trouvé déjà sur divers points, notamment dans le bassin de Valenciennes, associé au *Lepidophloios laricinus*.

Genre SIGILLARIA. Brongniart.

SIGILLARIA sp.

J'ai eu entre les mains un assez grand nombre de Sigillaires décortiquées, et par suite indéterminables, provenant de diverses localités de la région de Brive, et en particulier d'Argentat; ce qui est intéressant à noter, c'est le nombre assez considérable de Sigillaires cannelées qui se sont trouvées parmi ces moules sous-corticaux d'Argentat.

Les Sigillaires à côtes étant fort rares en général dans le Houiller supérieur, on pourrait être surpris de leur fréquence relative sur ce point; mais il est fort possible qu'on n'ait pas affaire là à des espèces à écorce cannelée extérieurement, comme le sont celles du sous-genre *Rhytidolepis*. M. Grand'Eury a montré en effet que certaines Sigillaires, pour lesquelles il a créé le groupe des Mésosigillariées[1], avaient la surface externe dépourvue de côtes, tandis que la portion subéreuse de l'écorce offrait des cannelures bien marquées. Il

[1] *Géologie et paléontologie du bassin houiller du Gard*, p. 247.

IMPRIMERIE NATIONALE.

en est ainsi du *Sig. lepidodendrifolia,* qui avait toujours été classé parmi les Léiodermariées, bien que certains échantillons offrissent des indices de côtes, dus sans doute à un phénomène de compression faisant apparaître à la surface de l'écorce les côtes sous-jacentes. Il est dès lors possible qu'une partie au moins des moules cannelés d'Argentat appartienne à cette espèce, dont la présence a été constatée dans cette localité.

J'ai en outre reçu en communication, du Musée de Tulle, un moule du même genre, mais à côtes plus grosses, provenant du pont de Larche.

SIGILLARIA LEPIDODENDRIFOLIA. Brongniart.

1836. **Sigillaria lepidodendrifolia.** Brongniart, *Hist. vég. foss.*, I, p. 426, pl. 161.

Je n'ai vu, dans la région de Brive, cette espèce qu'à Argentat, un échantillon bien caractérisé s'en étant trouvé parmi les empreintes du Musée de Tulle, dont je dois la communication à l'obligeance de M. Fage; peut-être, ainsi que je l'ai dit tout à l'heure, faudrait-il lui attribuer une partie au moins des échantillons décortiqués à cannelures longitudinales qui ont été recueillis dans ce même bassin.

SIGILLARIA MOURETI. Zeiller.

(Pl. XIV, fig. 4.)

1880. **Sigillaria Moureti.** Zeiller, *Bull. Soc. Géol.*, 3ᵉ série, VIII, p. 210, pl. V, fig. 3, 4.

Je reproduis sur la figure 4 de la planche XIV un des échantillons que j'avais figurés jadis de cette espèce, dont il n'a été retrouvé depuis lors à Cublac qu'un seul échantillon, très fragmentaire. Celui-ci mérite néanmoins d'être mentionné, parce qu'au lieu d'une simple empreinte en creux, il montre l'écorce charbonneuse elle-même portant deux files contiguës de cicatrices, toutes incomplètes, mais bien reconnaissables, et que, sur les points où l'écorce charbonneuse est enlevée, apparaissent des côtes plates, striées en long, mal délimitées et séparées seulement les unes des autres par des sillons peu accentués. La surface même de l'écorce est plane; on distingue seulement, entre les deux files de cicatrices, quelques profondes rides longitudinales, comme celles que l'on voit sur la figure 4, planche XIV. Cette espèce appartiendrait par conséquent au groupe mixte des Mésosigillariées de M. Grand'Eury. Les cicatricules sous-corticales sont formées de deux traits

rectilignes parallèles, hauts de 2 à 3 millimètres, espacés de 4 à 5 millimètres, et comprenant entre eux la cicatricule vasculaire, presque indistincte.
Le *Sig. Moureti* n'a été, jusqu'à présent, observé qu'à Cublac.

SIGILLARIA BRARDI. Brongniart.

(Pl. XIV, fig. 1.)

1822. **Clathraria Brardii**. Brongniart, *Class. vég. foss.*, p. 22, 89, pl. I, fig. 5.

Le type de cette espèce, si répandu dans tout le Houiller supérieur, avait
été envoyé à Brongniart, des mines du Lardin, par Brard, et l'on en rencontre
encore fréquemment, tant à Cublac qu'au Lardin, des spécimens exactement
conformes au type, c'est-à-dire à cicatrices foliaires assez grandes, portées sur
des mamelons bien développés. On retrouve, du reste, tous les caractères
de l'échantillon type sur la partie supérieure de l'empreinte que j'ai fait représenter sur la figure 1 de la planche XIV; j'avais déjà donné ailleurs [1] une
figure de cette empreinte, mais elle présente un tel intérêt, que je n'ai pas
cru pouvoir la laisser de côté dans une étude où je reproduis les fossiles
végétaux les plus remarquables trouvés dans la région de Brive. Elle montre
en effet le passage graduel du *Sig. Brardi*, nettement représenté à la partie
supérieure avec ses mamelons saillants bien délimités, au *Sig. spinulosa*
Rost (sp.), à écorce plane, sillonnée seulement de rides plus ou moins accen-
tuées; elle établit ainsi la dépendance mutuelle de ces deux espèces, qui ne
représentent, par le fait, que des stades divers de développement d'une
même plante.

Je ferai remarquer ici que M. Grand'Eury a émis un doute [2] sur la légitimité de l'attribution au *Sig. Brardi* de cet échantillon, ses cicatrices lui paraissant proportionnellement plus hautes que celles de cette espèce; elles sont
en effet un peu plus hautes que sur la plupart des échantillons de *Sig.
Brardi*, dans lesquels, habituellement, les cicatrices sont un peu plus rapprochées; mais leur conformité absolue avec le type même de Brongniart ne permet pas d'hésiter sur l'identification. Par le fait, suivant qu'on a affaire à une
tige ou à un rameau, suivant que la croissance a été plus ou moins rapide, les
dimensions relatives de ces cicatrices, de même que celles des mamelons qui

---

[1] *Bull. Soc. Géol.*, 3ᵉ sér., XVII, p. 603-610, pl. XIV, fig. 1 (*Sur les variations de formes du Sigillaria Brardi*, Brongniart).

[2] *Géologie et paléontologie du bassin houiller du Gard*, p. 249.

les portent, sont susceptibles de variations assez étendues, sur lesquelles M. Weiss a depuis longtemps attiré l'attention [1]; mais, comme je l'ai fait remarquer [2], à travers ces variations, certains caractères restent néanmoins toujours saisissables. Ainsi, pour le *Sig. Brardi,* si l'on considère la cicatrice comme affectant la forme d'un hexagone à angles supérieurs et inférieurs arrondis, les côtés horizontaux, c'est-à-dire supérieur et inférieur, de cet hexagone sont toujours relativement peu développés; le côté supérieur offre toujours en son milieu une échancrure plus ou moins accusée; le contour inférieur forme un arc presque continu; enfin les cicatricules qui flanquent la cicatricule vasculaire affectent la forme de traits, rectilignes ou arqués, descendant de la façon la plus nette au-dessous des bords de l'arc vasculaire. Quant aux mamelons, leurs angles latéraux, comme ceux des cicatrices, deviennent naturellement de plus en plus aigus à mesure que leur hauteur diminue, mais ils sont toujours limités du côté supérieur par un arc de cercle concave vers le bas, passant à quelque distance au-dessus de la cicatrice, et leurs bords inférieurs, formés par le contour supérieur des mamelons voisins, sont aussi nettement concaves vers le bas, au moins sur une certaine étendue. Ces divers caractères se retrouvent sur les échantillons mêmes où les mamelons et les cicatrices foliaires sont le plus réduits et le plus rapprochés [3], de telle sorte qu'on ne peut jamais faire confusion avec les espèces voisines.

Le fait, attesté par l'échantillon (fig. 1, pl. XIV), que le *Sig. Brardi* et le *Sig. spinulosa* représentent simplement deux états différents d'une même espèce, explique l'association constante de ces deux formes dans un si grand nombre de localités appartenant au Houiller supérieur.

Le *Sig. Brardi* a été trouvé assez abondamment à Cublac et au Lardin, tant sous la forme *spinulosa* que sous la forme typique; il est probable qu'il se retrouvera encore sur d'autres points de la région de Brive.

[1] *Foss. Fl. d. jüngst. Steinkohl.*, p. 162, pl. XVII, fig. 7 à 9.
[2] *Bull. Soc. Géol.*, 3ᵉ sér., XVII, p. 607.
[3] Tel est le cas de l'échantillon de la Grand'Combe, représenté par M. Grand'Eury à la figure 1, planche XI, de son récent travail sur la flore houillère du Gard, bien que, sur cette figure, quelques-uns de ces caractères n'aient pas été nettement indiqués par le dessinateur.

SIGILLARIA APPROXIMATA. Fontaine et White.

(Pl. XIV, fig. 2, 3.)

1880. **Sigillaria approximata**. Fontaine et White, *Permian Flora*, p. 96, pl. XXXVII, fig. 3.

Bien que, sur la figure publiée par MM. Fontaine et White, les cicatrices foliaires semblent s'engrener mutuellement sans laisser apercevoir entre elles aucune trace de mamelons, je n'hésite pas cependant à rapporter à cette espèce, en raison de l'identité de tous les caractères essentiels, les échantillons représentés sur les figures 2 et 3 de la planche XIV; d'ailleurs, sur certaines parties du premier d'entre eux, l'on ne distingue au premier coup d'œil, entre les cicatrices, qu'une seule ligne séparative en zigzag, et il faut une certaine attention pour reconnaître, de part et d'autre de cette ligne, les contours latéraux des cicatrices foliaires qui, tout d'abord, semblaient se confondre avec elle.

Cette espèce est assurément très voisine du *Sig. Brardi*, et surtout de sa variété *transversa* [1], mais elle s'en distingue nettement par les caractères suivants : les cicatrices, aussi hautes que les mamelons, ne sont plus encadrées en dessus ni en dessous par les sillons séparatifs de ceux-ci; les côtés supérieur et inférieur de leur contour hexagonal sont beaucoup plus développés et presque rectilignes; le côté supérieur n'est pas échancré en son milieu, mais seulement un peu déprimé. Enfin les deux cicatricules qui flanquent la cicatrice vasculaire sont elliptiques ou orbiculaires et non plus linéaires, et elles ne descendent pas au-dessous des extrémités de cet arc vasculaire.

Par ce dernier caractère, comme par la forme générale des cicatrices, le *Sig. approximata* ressemble au *Sig. Moureti*, et l'on pourrait se demander s'il n'y aurait pas entre eux les mêmes rapports qu'entre le *Sig. Brardi* et le *Sig. spinulosa*. Je ne crois pas cependant qu'il en puisse être ainsi, les cicatrices sous-corticales ne paraissant pas être semblables; j'ai dit plus haut que, chez le *Sig. Moureti*, les deux cicatrices latérales correspondant aux canaux gommeux affectent, sur les parties décortiquées, la forme de traits verticaux parallèles encadrant la cicatricule vasculaire; chez le *Sig. approximata*, comme le montrent la figure type et la figure 3 de la planche XIV, ces cicatrices latérales restent elliptiques ou orbiculaires, comme dans la cicatrice foliaire, et ne descendent

[1] *Sig. Brardi*, var. *transversa*. Weiss, *Foss. Fl. d. jüngst. Steinkohl.*, p. 163, pl. XVII, fig. 7, 8.

pas au-dessous de la cicatricule vasculaire. Il y a donc là une différence marquée, dont il est impossible de ne pas tenir compte.

D'après la description et la figure de MM. Fontaine et White, les tiges décortiquées présenteraient des cannelures longitudinales, de sorte que cette espèce appartiendrait, elle aussi, aux Mésosigillariées; ces cannelures ne sont pas visibles à l'intérieur du fragment d'écorce resté adhérent à l'empreinte de la figure 3; mais il est possible que, si la lame eût été plus épaisse, elle eût présenté les mêmes traces de côtes que l'échantillon type.

On voit, sur l'empreinte de la figure 2, à deux hauteurs différentes, ainsi qu'à la partie supérieure de l'échantillon de la figure 3, des cicatrices arrondies, ombiliquées au centre, qui dérangent quelque peu les cicatrices foliaires et qui doivent être attribuées à l'insertion d'épis de fructification. Ces cicatrices sont disposées à peu près en verticille, comme chez le *Sig. Brardi*, mais elles sont beaucoup moins importantes que les cicatrices analogues de cette dernière espèce.

Le *Sig. approximata*, trouvé en Amérique dans les dépôts permiens de la Virginie occidentale, a été rencontré, dans la région de Brive, dans les couches de passage du Houiller au Permien, savoir : au niveau de 43 mètres du puits Camille (près de Cublac), et dans le puits de Larche au niveau de 206 mètres, où s'observent déjà, comme je l'ai dit plus haut, différentes espèces franchement permiennes.

Genre SIGILLARIOSTROBUS. Schimper.

SIGILLARIOSTROBUS STRICTUS. Zeiller.

1884. **Sigillariostrobus strictus.** Zeiller, *Ann. sc. nat.*, 6ᵉ série, Bot., XIX, p. 272, 279, pl. 12, fig. 4.

J'ai vu, des affleurements de Loubignac et des mines du Lardin, plusieurs fragments de cônes assez incomplets, mais qui, d'après la forme et les dimensions de leurs bractées, me paraissent devoir être attribués à cette espèce. Je suis de plus en plus porté à croire que ce *Sigillariostrobus strictus* doit représenter, ainsi que je le présumais, le cône du *Sigillaria Brardi*, avec lequel il se trouve associé au Lardin comme à Decize, et auquel M. Grand'Eury rapporte, de son côté [1], des cônes à peu près semblables.

---

[1] *Géologie et paléontologie du bassin houiller du Gard*, pl. XI, fig. 3, 3 C.

Il est probable également que c'est à ces cônes qu'ont dû appartenir les macrospores signalées à Cublac sous le nom générique de *Flemingites* par M. Grand'Eury [1].

Genre STIGMARIA. BRONGNIART.

STIGMARIA FICOIDES. STERNBERG (sp.).

1820. **Variolaria ficoides.** Sternberg, *Ess. Fl. monde prim.*, I, fasc. 1, p. 23, 26, pl. XII, fig. 1-3.

Le *Stigmaria ficoides* a été rencontré sur divers points de la région de Brive. Je ne mentionnerai, comme offrant un intérêt particulier, qu'une empreinte recueillie par M. Dessort aux Parjadis et dont la surface se montre sillonnée de rides irrégulières entrecroisées, formant un réseau à mailles sinueuses allongées, qui donne l'impression d'un organe charnu flétri et desséché, dont l'épiderme se serait ainsi plissé. Les grosses cicatrices ombiliquées des *Stigmaria* y sont d'ailleurs bien reconnaissables, quoique réparties plus irrégulièrement que d'habitude; cette empreinte présente en outre de longues crêtes longitudinales qui semblent dénoter un crevassement profond de la surface de l'organe.

Je citerai, comme localités où le *Stigmaria ficoides* a été observé sous ses formes accoutumées : Argentat, Cublac, le Lardin, Chabrignac, niveau de 206 mètres du puits de Larche, et grès de la Cabane.

CORDAÏTÉES.

Les Cordaïtées sont représentées dans les dépôts houillers et permiens des environs de Brive par de nombreux fragments de feuilles, mais presque toujours trop incomplets pour qu'on puisse se rendre compte de la forme et de la dimension de ces feuilles; d'autre part, lorsqu'on a affaire à des grès, le grain trop grossier de la roche empêche de bien discerner le détail de la nervation, de sorte que, pour l'une ou pour l'autre de ces raisons, une cer-

---

[1] *Flore carb. du dép. de la Loire*, p. 529.

taine quantité d'empreintes sont demeurées indéterminables spécifiquement, quelques-unes même génériquement.

Genre CORDAITES. Unger.

Outre les deux espèces que je vais signaler, j'ai rencontré, à Argentat, à Loubignac, dans les grès de la Cabane et dans les grès à *Walchia* de la carrière de la Cave, des lambeaux de feuilles appartenant à ce genre, mais trop fragmentaires pour qu'il fût possible de les déterminer.

CORDAITES ANGULOSOSTRIATUS. Grand'Eury.

1877. **Cordaites angulosostriatus.** Grand' Eury, *Fl. carb. du dép. de la Loire*, p. 217, pl. XIX.

Je rapporte à cette espèce, en raison de leurs nervures saillantes, des portions de grandes feuilles que j'ai observées à Cublac et au Lardin. Les échantillons de cette dernière provenance offrant encore les tissus épidermiques, conservés sous forme de lamelles légèrement flexibles, j'ai pu en faire des préparations à l'aide des réactifs oxydants et isoler la cuticule de chacune des faces de la feuille; on y voit des cellules exactement rectangulaires, allongées parallèlement aux nervures et formant des files extrêmement régulières. La cuticule inférieure, plus mince que la supérieure, montre en outre des stomates mal conservés, rangés en séries parfaitement rectilignes.

Des fragments de cuticules absolument semblables, détachés des échantillons de Loubignac, me donnent à penser que les feuilles de Cordaïtes observées dans cette localité doivent appartenir également au *Cord. angulosostriatus*.

CORDAITES LINGULATUS. Grand'Eury.

1877. **Cordaites lingulatus.** Grand'Eury, *Flore carb. du dép. de la Loire*, p. 218, pl. XX.

Des feuilles de cette espèce, toujours incomplètes malheureusement, mais bien caractérisées par leurs nervures presque égales, ont été rencontrées à Cublac, au niveau de 43 mètres du puits Camille, au Lardin, et dans le vallon de la Nuelle, près de Peyrignac.

Genre DORYCORDAITES. Grand'Eury.

DORYCORDAITES OTTONIS. Geinitz (sp.).

1862. **Cordaites Ottonis.** Geinitz, *Dyas*, p. 148, pl. XXXIV, fig. 1, 2.

Je comprends sous ce nom, d'accord avec M. Renault[1], à la fois l'espèce
de M. H.-B. Geinitz et le *Dorycordaites affinis* de M. Grand'Eury, lequel a,
d'ailleurs, signalé lui-même l'identité probable de son espèce avec celle du
Permien d'Allemagne. La nervation, formée de nervures égales, est toujours
très fine et très serrée, mais l'écartement de ces nervures est quelque peu
variable d'un point à un autre de la même feuille et surtout d'un échantillon
à l'autre : on ne trouve souvent que trois ou même seulement deux nervures
par millimètre, tandis que, d'autres fois, leur nombre s'élève à cinq ou six;
quelquefois aussi, les files de cellules épidermiques, formant des stries longitudinales régulières, simulent des nervures plus fines et plus serrées, d'après
lesquelles on pourrait être tenté de rapporter ces feuilles au genre *Cordaites*.
Les échantillons de la région de Brive correspondent exactement, par leur
largeur, aux figures données par M. Geinitz, tandis que les formes figurées
par M. Grand'Eury et par M. Renault sont un peu plus étroites.

J'ai observé le *Dorycord. Ottonis* en abondance dans la troisième couche des
Parjadis et dans les grès à *Walchia* du Gourd-du-Diable et d'Objat.

Genre POACORDAITES. Grand'Eury.

POACORDAITES MICROSTACHYS. Goldenberg (sp.).

1871. **Cordaites microstachys.** Goldenberg, *in* Weiss, *Foss. Fl. d. jüngst. Steinkohl.*, p. 194;
p. 195, fig. 1-3.

Je réunis à cette espèce de Saarbrück, comme je l'ai déjà fait jadis, le
Poacord. linearis de M. Grand'Eury, qui ne me paraît en différer par aucun
caractère de taille, de forme, ni de nervation. Les nervures sont, du reste,
réparties d'une façon un peu variable sur une même feuille : vers la base, on
n'observe aucune régularité dans leur disposition et dans leur importance

[1] *Flore foss. du terr. houiller de Commentry*, 2ᵉ part., p. 87.

relative; ce n'est que plus haut qu'elles se montrent régulièrement espacées , distantes de 1/3 à 1/2 millimètre, et comprenant entre elles tantôt une, tantôt deux nervures plus fines.

Ces caractères restent les mêmes sur des échantillons appartenant à des niveaux assez différents, mais sans qu'on puisse, en l'absence des organes fructificateurs, affirmer d'une façon absolue l'identité spécifique des espèces simplement voisines les unes des autres ayant pu avoir le même feuillage.

C'est sous cette réserve que je signale le *Poacord. microstachys* à Argentat, dans les grès du ravin en face du puits Neuf (près de Cublac), et au Gourd-du-Diable, où M. Mouret en a recueilli de très beaux spécimens.

Genre ARTISIA. Sternberg.

ARTISIA sp.

Bien que la présence des Cordaïtées ait été reconnue sur plusieurs points de la région de Brive, les moules des étuis médullaires de leurs rameaux ne s'y sont montrés qu'avec une excessive rareté : je ne puis en effet citer qu'un seul échantillon d'*Artisia*, et encore fort mal conservé, trouvé dans la carrière du Gourd-du-Diable.

Genre CORDAIANTHUS. Grand'Eury.

CORDAIANTHUS sp.

Il a été rencontré, à Cublac et au Lardin, deux inflorescences bien caractérisées de Cordaïtées : celle de Cublac, qui est la mieux conservée des deux, est formée d'un axe strié longitudinalement, portant à droite et à gauche des graines ovoïdes marquées d'un pli longitudinal, identiques au *Cordaicarpus ovoideus,* tel qu'il a été figuré par M. Weiss.

SQUAMÆ.

(Pl. XV, fig. 13.)

Je mentionne ici, comme me paraissant susceptibles d'appartenir à des inflorescences de Cordaïtées, de petites écailles lancéolées, tantôt isolées, tantôt et plus souvent groupées en nombre variable, qui se sont trouvées en grande abondance sur certaines plaques de grès du Gourd-du-Diable. Peut-être ne sont-ce que des écailles gemmaires, dont l'attribution serait alors impossible à préciser; mais je suis plus disposé à y voir des écailles provenant d'inflorescences mâles de *Cordaites;* elles semblent, en effet, avoir dû former de petits bourgeons ou chatons globuleux semblables à ceux qui ont été trouvés, chez certaines espèces de ce genre, encore munis de leurs anthères; c'est dans cette hypothèse qu'il m'a paru intéressant de les signaler.

GRAINES DIVERSES.

Je groupe sous ce titre, à côté des graines, telles que les *Cardiocarpus* ou *Cordaicarpus,* susceptibles d'êtres rapportées aux Cordaïtées, celles dont l'attribution demeure problématique, et dont quelques-unes au moins appartiennent peut-être aux Conifères. Il est fort possible aussi, comme on l'a fait plus d'une fois remarquer, qu'un certain nombre de ces graines, amenées de loin dans les bassins de dépôt, correspondent à des végétaux dont tous les autres organes nous sont encore et nous demeureront probablement toujours inconnus.

Genre CORDAICARPUS. Geinitz.

CORDAICARPUS SUBRENIFORMIS. Grand'Eury.

1877. **Cordaicarpus subreniformis.** Grand'Eury. *Flore carb. du dép. de la Loire,* p. 237, pl. XXVI, fig. 25.

L'échantillon que je rapporte à cette espèce ne diffère de celui qu'a figuré M. Grand'Eury que par l'absence presque complète de pointe à son sommet. Il a été trouvé à Cublac.

CORDAICARPUS SCLEROTESTA. Brongniart (sp.).

1881. **Cardiocarpus sclerotesta.** Brongniart, *Graines foss. silicifiées,* p. 21, 37, 47, pl. A, fig. 5; pl. II.

Je crois pouvoir identifier au *Cord. sclerotesta,* retrouvé à Commentry par M. Renault, de grosses graines, recueillies par M. Delas dans les argilites du vallon de la Nuelle, près de Peyrignac.

CORDAICARPUS PUNCTATUS. Grand'Eury.

1877. **Cordaicarpus punctatus.** Grand'Eury, *Flore carb. du dép. de la Loire*, p. 237, pl. XXVI, fig. 22.

J'ai observé plusieurs spécimens de ce *Cordaicarpus* parmi les empreintes de la région de Brive que j'ai eues entre les mains, provenant d'une part des argilites du vallon de la Nuelle, d'autre part des grès à *Walchia* de la grange Auzelou, près de Lanteuil.

CORDAICARPUS CONGRUENS. Grand'Eury.

1877. **Cordaicarpus congruens.** Grand'Eury, *Flore carb. du dép. de la Loire*, p. 236, pl. XXVI, fig. 21.

Une graine cordiforme recueillie par M. Mouret dans les grès à *Walchia* du Perrier me paraît pouvoir être identifiée à cette espèce, ne différant des échantillons figurés par M. Grand'Eury que par sa largeur un peu plus considérable.

CORDAICARPUS DISCIFORMIS. Sternberg (sp.).

1826. **Carpolithes disciformis.** Sternberg, *Ess. Fl. monde prim.*, I, fasc. 4, p. xl., fasc. 1, pl. VII, fig. 13.
1871. **Rhabdocarpus disciformis.** Weiss, *Foss. Fl. d. jüngst. Steinkohl.*, p. 205; pl. XI, fig. 4 A; pl. XVIII, fig. 2-8, 15, 16.

Je mentionne ici les figures données par M. Weiss, parce qu'elles sont plus précises que celles de Sternberg et qu'elles représentent avec une parfaite exactitude les échantillons, assez nombreux, de cette espèce observés dans la région de Brive.

En dehors du Lardin, où M. Grand'Eury l'avait signalé [1], j'ai retrouvé le *Cordaic. disciformis* très abondant au toit de la troisième couche des Parjadis.

CORDAICARPUS OVOIDEUS. Goeppert et Berger (sp.).

1848. **Rhabdocarpos ovoideus.** Gœppert et Berger, *in* Berger, *De fruct. et sem. ex form. lithanthrac.*, p. 22, pl. I, fig. 17. Weiss, *Foss. Fl. d. jüngst. Steinkohl.*, p. 206, pl. XVII, fig. 4; pl. XVIII, fig. 10-14, 18-21.

Divers échantillons de ces graines, bien conformes aux figures de Weiss,

_____

[1] *Flore carb. du dép. de la Loire*, p. 529.

ont été trouvés dans le bassin de Brive, notamment à Cublac, où, comme je l'ai déjà dit, je les ai observées encore en place le long d'un axe commun, formant un épi distique semblable au type le plus habituel des inflorescences de Cordaïtées. Elles ont été aussi rencontrées en abondance, mélangées au *Cordaic. disciformis*, dans les recherches des Parjadis, au toit de la troisième couche.

Genre RHABDOCARPUS. Goeppert et Berger.

RHABDOCARPUS SUBTUNICATUS. Grand'Eury.

(Pl. XV, fig. 11.)

1877. **Rhabdocarpus tunicatus.** Grand'Eury (*non* Gœppert et Berger), *Flore carb. du dép. de la Loire*, p. 206, pl. XV, fig. 12, 12'.
1877. **Rhabdocarpus subtunicatus.** Grand'Eury, *ibid.*, p. 313.

De toutes les espèces de graines reconnues dans la région de Brive, le *Rhabd. subtunicatus* s'est montré de beaucoup la plus abondante, et il ne m'a pas paru inutile, pour ce motif, d'en faire représenter sur la planche XV un des échantillons les plus nets. La forme de ces graines est quelque peu variable, tantôt assez allongée, comme l'indiquent les figures de M. Grand'Eury, tantôt plus élargie, comme le montre la figure 11 de la planche XV, de manière à se rapprocher quelque peu du *Rhabd. Künnsbergi* Gutbier (sp.) [1], qui est cependant beaucoup plus largement tronqué à la base et moins effilé vers le sommet.

J'ai observé le *Rhabd. subtunicatus* à Loubignac, dans les affleurements du vallon de la Nuelle (près de Peyrignac), où certaines plaques d'argilite sont couvertes de ses empreintes, dans la troisième couche des Parjadis, et dans les grès de la Cabane.

Peut-être faut-il lui rapporter également un fragment incomplet de *Rhabdocarpus*, trouvé dans les grès à *Walchia* au Soleilhot.

Genre TRIGONOCARPUS. Brongniart.

TRIGONOCARPUS sp.

Des fragments de *Trigonocarpus*, trop mal définis pour pouvoir être déter-

---

[1] *Cardiocarpon Künnsbergi.* Geinitz, *Verst. d. Steink. in Sachs.*, p. 39, pl. XXII, fig. 22, 23.

minés avec certitude, se sont montrés en divers points, savoir : à Cublac, à Châtres et dans les grès à *Walchia* de la ferme Morel, près de Lanteuil; l'échantillon recueilli par M. Mouret dans cette dernière localité ressemble de tout point à l'une des figures publiées par M. Geinitz sous le nom de *Trigon. postcarbonicus* Gümbel [1]; il est néanmoins trop fragmentaire pour que j'ose, en l'absence de caractères distinctifs suffisamment précis, l'identifier formellement à cette espèce.

Genre HEXAGONOCARPUS. Renault.

HEXAGONOCARPUS CRASSUS. Renault.

1890. **Hexagonocarpus crassus.** Renault, *Flore foss. terr. houill. de Commentry*, 2ᵉ partie, Atlas, p. 11, pl. LXXII, fig. 53-56; Texte, p. 649.

Je rapporte à cette espèce des empreintes de graines trouvées en assez grande abondance à Loubignac et que j'avais tout d'abord classées comme *Trigonocarpus*; mais elles m'ont paru, lorsque je les ai examinées de plus près, offrir six côtes saillantes toutes égales, allant d'une extrémité à l'autre de la graine, et elles sont d'ailleurs bien conformes aux figures publiées par M. B. Renault.

Genre CODONOSPERMUM. Brongniart.

CODONOSPERMUM ANOMALUM. Brongniart.

1877. **Codonospermum anomalum.** Brongniart, *in* Grand'Eury, *Flore carb. du dép. de la Loire*, p. 184, pl. XV, fig. 5.

Je n'ai vu cette espèce, assez commune pourtant jusqu'au sommet du Houiller supérieur, que dans deux localités seulement des environs de Brive: à Cublac et dans la deuxième couche des Parjadis.

Genre SAMAROPSIS. Gœppert.

SAMAROPSIS GRANULATA. Grand'Eury (sp.).

(Pl. XV, fig. 6, 7.)

1877. **Carpolithes granulatus.** Grand'Eury, *Flore carb. du dép. de la Loire*, p. 306, pl. XXXIII, fig. 7.

Bien que les graines que je représente sur les figures 6 et 7 de la planche XV

[1] Geinitz, *Dyas*, pl. XXXIV, fig. 3.

soient plus petites que celles qu'a figurées M. Grand'Eury sous le nom de *Carpolithes granulatus*, il me paraît impossible de ne pas les leur identifier, tous les caractères essentiels concordant exactement. Je ferai remarquer seulement que, sur quelques-unes des empreintes que j'ai eues entre les mains, comme celle de la figure 6, l'aile qui entoure la graine paraît assez nettement émarginée au sommet; sur d'autres, au contraire, l'aile paraît se rétrécir vers le sommet de la graine et offrir seulement en ce point une étroite échancrure. Dans tous les cas, il ne me paraît pas douteux que ce type de graines doive être rangé dans le genre *Samaropsis*.

Le *Samar. granulata* est assez commun dans les argilites du vallon de la Nuelle, près de Peyrignac, mais c'est la seule localité où j'aie constaté sa présence.

SAMAROPSIS SOCIALIS. Grand'Eury (sp.).

1877. **Carpolithes socialis.** Grand'Eury, *Flore carb. du dép. de la Loire*, p. 306, pl. XXXIII, fig. 8.

M. Grand'Eury a signalé à Cublac [1] le *Carpolithes socialis*, qui me paraît trop voisin de l'espèce précédente pour ne pas prendre place à côté d'elle dans le genre *Samaropsis;* il n'en diffère guère que par l'absence de tubercules à sa surface et par sa taille plus petite; il ne serait peut-être pas impossible, au surplus, que ces deux espèces fussent identiques et que cette dernière ne représentât que l'état jeune et incomplètement développé du *Samar. granulata*.

SAMAROPSIS MORAVICA. Helmhacker (sp.).

(Pl. XV, fig. 8 à 10.)

1871. **Jordania moravica.** Helmhacker, *Sitzungsber. d. k. böhm. Gesellsch. d. Wiss.*, 1871, p. 81. Eug. Geinitz, *Neues Jahrb. f. Min.*, 1875, p. 11, pl. I, fig. 10, 11.

1890. **Samaropsis elongata.** Renault, *Flore foss. terr. houill. de Commentry*, 2ᵉ partie, Atlas, p. 11, pl. LXXII, fig. 35 ; Texte, p. 667.

L'École nationale des Mines ayant fait tout récemment l'acquisition de la collection paléophytologique de M. Helmhacker, j'en profite pour donner, à la figure 10 de la planche XV, le dessin d'un échantillon authentique de cette

[1] *Flore carb. du dép. de la Loire*, p. 529.

espèce, provenant du Permien inférieur de Zbejsov en Moravie. M. Eug. Geinitz en a, d'ailleurs, publié déjà des figures parfaitement exactes.

D'accord avec M. Renault, qui l'a décrite comme une forme spécifique nouvelle, je range cette espèce dans le genre *Samaropsis*, les *Jordania* de Fiedler me paraissant appartenir à un type générique distinct, en raison de la forme en cœur de leur graine. Je crois pouvoir rapporter au *Samar. moravica* non seulement les graines ailées telles que celle de la figure 9, planche XV, mais des graines ovales acuminées, striées en long, qui ont été trouvées en mélange avec ces dernières et qui leur sont absolument identiques, sauf qu'elles sont dépourvues d'aile (fig. 8, pl. XV); il me paraît probable que ces graines, dont le contour semble légèrement corrodé en divers points, ont dû être dépouillées de leur aile, moins résistante, soit par des actions mécaniques durant le transport qu'elles ont subi, soit par macération.

Observé à Commentry dans les couches les plus élevées du Houiller supérieur, le *Samar. moravica* a été retrouvé aux environs de Brive, dans les couches de passage du Houiller au Permien et dans le Permien franc, à savoir, d'une part, dans les argilites du vallon de la Nuelle, près de Peyrignac, et d'autre part, dans les grès à *Walchia* de la ferme Morel, près de Lanteuil.

CONIFÈRES.

Genre DICRANOPHYLLUM. Grand'Eury.

DICRANOPHYLLUM GALLICUM. Grand'Eury.

1877. **Dicranophyllum gallicum.** Grand'Eury, *Fl. carb. du dép. de la Loire*, p. 275, pl. XIV, fig. 8-10.

De toute la région de Brive, Argentat est la seule localité où j'aie constaté la présence de cette espèce, qui n'y est d'ailleurs pas très rare. Elle n'a, jusqu'à présent, jamais été observée dans le Permien.

Genre WALCHIA. Sternberg.

WALCHIA PINIFORMIS. Schlotheim (sp.).

(Pl. XV, fig. 1.)

1820. **Lycopodiolithes piniformis.** Schlotheim, *Petrefactenkunde*, p. 415, pl. XXIII, fig. 1 a;
pl. XXV, fig. 1.

Le *Walch. piniformis* se montre à peu près à tous les niveaux du bassin
houiller et permien de Brive, et toujours parfaitement identique à lui-même,
bien que variant légèrement d'aspect suivant la nature de la roche qui renferme les empreintes. C'est ainsi que, dans les schistes à grain extrêmement
fin du Lardin, il se présente avec des feuilles un peu plus falciformes que
d'habitude, ainsi que le montre la figure 1 de la planche XV; mais on trouve
tous les intermédiaires entre cette forme et le type normal. On a, d'ailleurs,
figuré déjà des rameaux de *Walchia piniformis* venant de couches franchement permiennes et présentant cet aspect particulier [1].

D'après M. Grand'Eury, les *Walchia* houillers, ou du moins les Conifères
du Houiller qu'on désigne sous ce nom générique, n'auraient pas porté de
cônes, et l'espèce du Houiller supérieur du Gard qu'il a mentionnée comme
Walch. piniformis devrait être considérée comme très éloignée de l'espèce
permienne du même nom [2]. Il est possible qu'en effet, l'espèce de la Grand'-
Combe, à propos de laquelle il fait cette remarque, ne soit pas le vrai
Walch. piniformis, malgré la grande ressemblance qu'elle offre avec lui.
M. Grand'Eury cite même un échantillon qui présenterait une ramification
toute particulière, ce qui semble venir à l'appui de cette idée; ce ne doit
être là cependant qu'un fait accidentel, car les échantillons de la même
provenance que j'ai eus entre les mains offrent le mode de ramification
normal et ne peuvent être distingués en rien du *Walch. piniformis*; ils ont
peut-être les ramules un peu plus serrés, et se rapprochent à cet égard du
Walch. imbricata, mais on ne saurait, sur un caractère de cet ordre, établir
une distinction spécifique. En revanche, la différence du mode de fructification, si elle existe réellement, serait capitale, et on ne peut nier qu'elle soit
possible : ce ne serait pas, ainsi que j'aurai occasion de le redire plus loin
à propos du *Gomphostrobus bifidus*, le premier exemple de végétaux de cette

[1] Bergeron, *Bull. Soc. Géol.*, 3e sér., XII, p. 537, pl. XXVIII, fig. 4.
[2] Grand'Eury, *Géologie et paléontologie du bassin houiller du Gard*, p. 336.

II.   13

classe ayant eu des rameaux exactement semblables et des organes fructificateurs différents. Mais je ne crois pas que le même doute puisse être admis à l'égard des *Walch. piniformis* des couches houillères de la Corrèze : outre que ces couches appartiennent à la région la plus élevée du Houiller supérieur et confinent au Permien, j'ai lieu de croire, d'après quelques fragments de cônes, malheureusement mal conservés, recueillis au Lardin par M. Delas, qu'on a bien affaire ici au véritable *Walch. piniformis*, identique, non seulement par l'aspect de ses rameaux, mais aussi par ses organes de fructification, à celui des couches permiennes.

Le *Walch. piniformis*, qui avait été signalé par M. Grand'Eury à Cublac [1], a été observé en outre à Loubignac et au Lardin, commun dans l'une et l'autre de ces localités, mais surtout dans la dernière; et dans les grès à *Walchia* à Objat, au Soleilhot et à la Cave.

WALCHIA FLACCIDA. Gœppert.

1865. **Walchia flaccida.** Gœppert, *Foss. Fl. d. perm. Form.*, p. 240, pl. L, fig. 1–9.

Je crois pouvoir, malgré leur conservation imparfaite, rapporter à cette espèce des fragments de rameaux trouvés par M. Mouret au Gourd-du-Diable, et dont les feuilles plus raides, plus serrées, et à ce qu'il semble plus épaisses, que celles du *Walch. piniformis*, sont en même temps étroitement appliquées contre l'axe qui les porte.

Je ferai remarquer en outre que le cône de la figure 2, planche XV, qui vient du même niveau et dont je parlerai un peu plus loin, ne laisse pas de ressembler quelque peu à celui que Gœppert a attribué à son *Walch. flaccida*.

WALCHIA HYPNOIDES. Brongniart.

1828. **Fucoides hypnoides.** Brongniart, *Hist. végét. foss.*, I, p. 84, pl. 9 *bis*, fig. 1, 2.

Le *Walch. hypnoides*, que M. Grand'Eury a signalé dans le Houiller supérieur à Saint-Étienne, mais qui paraît y être d'une excessive rareté, n'a été trouvé aux environs de Brive que dans des couches franchement permiennes, à savoir, dans les grès à *Walchia;* il y est d'ailleurs très abondant, surtout sous la forme de ramules détachés, mais il en a été observé plusieurs fois aussi des rameaux complets avec tous leurs ramules en place.

---

[1] *Flore carb. du dép. de la Loire*, p. 529.

Les localités où ont été trouvés des échantillons de cette espèce sont : le Gourd-du-Diable, le Soleilhot, Mallemort, Objat, la Viale où M. Mouret en a recueilli de très beaux spécimens, Pichague (près de Larche), et la Cave.

WALCHIA FILICIFORMIS. Schlotheim (sp.).

(Pl. XV, fig. 3.)

1820. **Lycopodiolithes filiciformis**. Schlotheim, *Petrefactenkunde*, p. 414, pl. XXIV.

Ce *Walchia*, nettement caractérisé par la forme de ses feuilles, légèrement réfléchies en arrière à leur base, puis recourbées vers le haut en crochet, paraît fort rare dans le bassin de Brive : il n'en a été, en effet, rencontré d'empreintes que sur trois points seulement, dans les grès à *Walchia*.

M. Mouret en a recueilli, dans la carrière d'Objat, un fragment de rameau portant à son extrémité un cône femelle, sur lequel on peut reconnaître certains détails intéressants d'organisation. La figure 3 de la planche XV reproduit cet échantillon, que j'avais du reste déjà fait figurer[1], mais sans donner peut-être, à son sujet, des détails suffisants. Les écailles, de forme ovale-lancéolée, obtuses au sommet, paraissent avoir été concaves à leur face supérieure; on distingue nettement entre elles les empreintes en creux de graines ovoïdes, longues de 7 à 8 millimètres, dont le testa était hérissé de tubercules saillants, représentés sur l'empreinte par de petites cavités. Sur l'une d'elles on voit, à l'intérieur de l'empreinte du testa, un noyau ovoïde, plus petit, strié en long, qui représente évidemment le moule de la cavité interne. Chaque écaille ne portait qu'une seule graine, comme chez les *Araucaria* actuels, avec lesquels les *Walchia* devaient avoir, pour le port extérieur, une si grande ressemblance et auxquels ils étaient peut-être liés par de réelles affinités; la graine était fixée très près de la base de l'écaille, comme le montre la figure 3 A, sur laquelle on voit la place occupée par une de ces graines, presque entièrement découverte par suite de l'arrachement d'une partie de l'écaille qui la portait. On se rend compte également que ces écailles devaient être beaucoup moins ligneuses que celles des cônes d'*Araucaria* et se rapprocher davantage, comme consistance, de celles de nos Sapins; mais cette minceur relative des écailles n'est pas de nature à éloigner les *Walchia* des Araucariées, le cône du *Cunninghamia sinensis*, que la plu-

[1] *Bull. Soc. Géol.*, 3e sér., VIII, p. 203, pl. IV, fig. 6.

part des botanistes rangent aujourd'hui dans cette famille, ayant des écailles tout aussi peu épaisses.

Outre la localité d'Objat, M. Mouret a recueilli des rameaux de *Walch. filiciformis* à Pichague (près de Larche) et au Soleilhot.

WALCHIA sp.

(Pl. XV, fig. 2.)

Il n'est pas douteux que le cône de la figure 2, planche XV, recueilli par M. Mouret au Soleilhot, appartienne à quelqu'une des espèces précédentes. Ses écailles qui, en certains points, paraissent avoir été très aiguës, se montrent, lorsqu'elles sont vues à plat comme sur le bord gauche de l'échantillon, très analogues de forme à celles du cône de *Walch. filiciformis* d'Objat, dont je viens de parler, c'est-à-dire ovales et obtuses au sommet; mais on n'aperçoit entre elles aucune graine, et il est impossible de se rendre compte si l'on a affaire à un cône femelle dont les graines seraient tombées, ou bien à un cône mâle. Ce cône n'est pas non plus sans analogie, ainsi que je l'ai fait remarquer plus haut, avec celui qu'a figuré Gœppert comme appartenant au *Walch. flaccida* [1]. Celui-ci semble cependant avoir eu réellement les écailles très effilées et très aiguës, tandis que, sur l'échantillon du Soleilhot, elles ne semblent aiguës que parce qu'elles sont vues par la tranche.

Les cônes trouvés par M. Bergeron encore attachés à des rameaux de *Walch. piniformis* [2] sont beaucoup plus cylindriques et ont les écailles plus étroites et plus appliquées; mais si les *Walchia* avaient des inflorescences mâles strobiliformes, il est probable que les cônes mâles devaient, comme chez les *Araucaria*, par exemple, différer notablement des cônes femelles, de telle sorte que, ne connaissant le sexe ni des cônes de Lodève figurés par M. Bergeron, ni du cône du Soleilhot, il est impossible d'affirmer que ce dernier n'ait pas appartenu au *Walch. piniformis*.

En somme, des quatre espèces qui précèdent, on ne peut guère exclure à priori que le *Walch. hypnoides*, avec les grêles rameaux duquel la grosseur du pédoncule du cône du Soleilhot ne semble pas compatible; mais, entre les trois autres, il est impossible de présumer à laquelle il correspond.

[1] *Foss. Fl. d. perm. Form.*, pl. L, fig. 9.
[2] *Bull. Soc. Géol.*, 3ᵉ sér., XII, p. 533-538, pl. XXVII.

Genre GOMPHOSTROBUS. Marion.

GOMPHOSTROBUS BIFIDUS. E. Geinitz (sp.).

(Pl. XV, fig. 12.)

1873. **Sigillariostrobus bifidus.** Eug. Geinitz, *Neues Jahrb. f. Min.*, 1873, p. 700, pl. III. fig. 5-7.

M. A.-F. Marion a reconnu que certains cônes du Permien de Lodève, portés à l'extrémité de rameaux semblables à ceux des *Walchia,* étaient formés d'écailles bifurquées à leur sommet, tandis que les écailles des cônes des véritables *Walchia* sont toujours parfaitement simples. Il a établi sur ce caractère un genre nouveau [1], auquel se rapportent évidemment les écailles figurées par M. Eug. Geinitz sous le nom de *Sigillariostrobus bifidus;* j'ai pu d'ailleurs m'assurer formellement de l'exactitude de cette attribution générique, grâce à la bienveillante communication que M. Marion a bien voulu me faire de dessins de son *Gomphostr. heterophylla.* Les figures publiées par M. Eug. Geinitz montrent nettement une seule graine, d'assez petites dimensions, fixée à la base de chaque écaille. La forme même des écailles semble avoir été quelque peu variable, tantôt tronquées et tantôt arrondies à la base, et plus ou moins effilées vers le haut; quant aux deux pointes extrêmes, elles sont tantôt dressées, ne divergeant que sous un angle très aigu, tantôt très écartées, comme sur la figure 12 de la planche XV.

Les rameaux feuillés que M. Marion a trouvés en rapport avec ces cônes sont garnis, comme il l'a indiqué, de feuilles recourbées en crochet, et sont ainsi très analogues, pour le moins, à ceux du *Walch. filiciformis;* les détails que j'ai donnés plus haut sur le cône de cette dernière espèce montrent qu'à des rameaux en apparence identiques pouvaient correspondre des cônes très différents. On peut, du reste, comme exemple actuel du même fait, citer certains *Araucaria* et *Cryptomeria,* dont les ramules seraient impossibles à distinguer les uns des autres si on les trouvait isolés à l'état fossile. Il en était de même, à l'époque éocène, pour le *Cryptomeria Sternbergi* et le *Doliostrobus Sternbergi,* et l'on ne saurait dès lors s'étonner beaucoup de trouver dans le Permien cette même ressemblance entre les rameaux feuillés de types génériques différents.

---

[1] *Comptes rendus acad. sc.,* CX, p. 892-894; 28 avril 1890.

J'ai observé des écailles détachées de *Gomphostr. bifidus* sur deux points du bassin de Brive, dans le Houiller à Loubignac, et dans les grès à *Walchia* de la ferme Morel, près de Lanteuil.

Genre SCHIZODENDRON. Eichwald.

Lorsque j'ai signalé, il y a quelques années, comme trouvées dans les environs de Brive, les deux espèces qui vont suivre, j'avais cru [1] devoir séparer le genre *Tylodendron* Weiss du genre *Schizodendron* Eichwald, bien que M. Weiss les eût lui-même indiqués comme identiques : n'ayant pas de motif de douter que les échantillons figurés par lui fussent exactement orientés, j'avais fait remarquer que les deux branches dans lesquelles se divisent les mamelons étaient dirigées vers le haut chez le *Tylod. speciosum*, tandis qu'il ressortait de l'examen de certains échantillons qu'elles avaient dû avoir, chez les *Schizodendron*, la direction inverse. Cette différence m'avait paru trop importante pour réunir ces deux genres en un seul, malgré les analogies qu'ils présentaient à d'autres égards. Depuis lors, M. Potonié, dans une remarquable étude sur le genre *Tylodendron* [2], a montré que, dans les échantillons de *Tylod. speciosum* figurés par M. Weiss, la partie la plus amincie de ces moules cylindriques devait être placée en bas, à l'inverse de ce que l'on avait admis jusqu'alors, et qu'ainsi les mamelons allongés des *Tylodendron* étaient divisés en deux dans leur portion inférieure, tout comme ceux des *Schizodendron*, et non dans leur portion supérieure. D'autre part, il ressort de la figure du *Tylod. saxonicum* publiée par lui, que les dimensions et l'écartement plus ou moins considérables de ces mamelons ne constituent pas des caractères génériques.

L'identité des deux genres *Tylodendron* et *Schizodendron* se trouvant ainsi définitivement établie, ce dernier nom doit nécessairement être conservé de préférence à l'autre, comme étant antérieur en date.

Les moules qui constituent ce genre sont, non pas des moules sous-corticaux comme je l'avais pensé [3], mais des moules d'étuis médullaires de Conifères, ayant une extrême ressemblance avec ceux des *Araucaria*. Le bois qui

---

[1] *Bull. Soc. Géol.*, 3ᵉ sér., VIII, p. 204-205.

[2] Potonié, *Die fossile Pflanzen-Gattung* Tylodendron (*Jahrb. d. k. preust. geol. Landesanstalt f.* 1887, p. 311-331, pl. XII-XIII a).

[3] *Bull. Soc. Géol.*, 3ᵉ sér., VIII, p. 204.

leur correspond a, de plus, la structure des *Araucarioxylon*, de telle sorte que, dans tout ce qu'on en connaît, ces fossiles concordent absolument, ainsi que le fait remarquer M. Potonié, avec les Araucariées vivantes.

J'ajouterai que je suis de plus en plus porté à voir dans les *Schizodendron* ou *Tylodendron* les moules internes des tiges de *Walchia*. Ceux-ci se rapprochent, en effet, tellement des *Araucaria* par la forme et la disposition de leurs feuilles et de leurs rameaux, qu'on est autorisé à penser que leurs étuis médullaires ont pu être constitués de même et que les faisceaux primaires du bois et les faisceaux foliaires qui s'en détachaient ont pu également être disposés de la même manière autour de l'étui médullaire chez les uns et chez les autres, et donner ainsi naissance sur le moule interne à des mamelons semblablement conformés. Il est à noter, d'autre part, que, sur beaucoup de points, les *Walchia* sont les seules Conifères qui aient été trouvées associées aux *Schizodendron*, particulièrement au *Schiz. speciosum*, et c'est là ce qui m'avait, il y a quelques années, conduit à penser que ce dernier pourrait bien correspondre à une tige de *Walchia* [1]. Cette attribution a paru également des plus vraisemblables à M. Schenk [2], et la comparaison qu'on peut faire des caractères du *Schiz. speciosum* avec ce qu'on sait des *Walchia* vient encore, ainsi que je le ferai voir tout à l'heure, à l'appui de cette hypothèse. Les *Schizodendron* joueraient, en somme, par rapport aux *Walchia*, le même rôle que les *Artisia* par rapport aux Cordaïtes [3].

Si, maintenant, l'on se reporte à ce qui a été dit plus haut du cône du *Walch. filiciformis* et de ses écailles monospermes, on est amené à conclure que les *Walchia* ont pu réellement être assez étroitement apparentés aux Araucariées, si même ils n'appartiennent pas positivement à cette famille.

[1] *Bull. Soc. Géol.*, 3ᵉ sér., VIII, p. 204.
[2] *Handbuch der Palæontologie*, Abth. II, p. 858.
[3] De même que le genre *Cordaïtes* n'est pas le seul où l'on observe des étuis médullaires cloisonnés, il est certain que les *Walchia* ne sont pas non plus le seul genre, parmi les Conifères, dans lequel les étuis médullaires aient pu donner lieu à des moulages présentant les caractères des *Schizodendron*. C'est ainsi que, sans parler des *Araucaria*, Sir W. Dawson a signalé (*On new plants from the Erian and Carboniferous*) des échantillons de *Schizodendron*, très voisins du *Schiz. speciosum*, qui auraient été trouvés par M. Bain dans les couches permiennes ou triasiques de l'île du Prince-Édouard, en relation avec des rameaux pourvus de feuilles lancéolées et paraissant appartenir à un type générique différent des *Walchia*; de même M. A.-C. Seward a observé (*Geological Magazine*, 1890, p. 218-220) des moules tout à fait analogues, en rapport direct avec des rameaux de *Voltzia heterophylla*.

SCHIZODENDRON SPECIOSUM. Weiss (sp.).

(Pl. XV, fig. 5.)

1870. **Tylodendron speciosum.** Weiss, *Verhandl. d. naturhist. Ver. d. preuss. Rheinl. u. Westph.*, 1870, Sitzungsber., p. 47; *Foss. Fl. d. jüngst. Steinkohl.*, p. 185, pl. XIX-XX, fig. 1-8.

Le bel échantillon représenté sur la figure 5 de la planche XV a été trouvé par M. A. Dumas, lors des travaux de construction de la gare de Brive, dans les grès rouges supérieurs entamés par la tranchée de la gare. Il montre, autour de son renflement supérieur, une série de cicatrices ovales, au nombre de douze ou treize, qui correspondent évidemment à un verticille de rameaux.

Les mamelons qui couvrent la surface de l'échantillon, très allongés au-dessous de ce renflement, se raccourcissent brusquement au-dessus de lui : les feuilles devaient donc être sensiblement plus serrées immédiatement au-dessus de la couronne de rameaux que le long de l'entre-nœud.

La petite ligne charbonneuse qui occupe le sillon placé sur la partie inférieure de chaque mamelon, entre les deux branches dans lesquelles il se divise, représente, d'après l'étude anatomique de M. Potonié, l'origine du faisceau foliaire. J'avais également rapporté cette ligne charbonneuse au faisceau foliaire [1], mais j'avais pensé qu'elle répondait à son entrée dans l'écorce, considérant cet échantillon comme un moule sous-cortical; seulement j'avais attribué à tort cette interprétation de la trace charbonneuse médiane de chaque mamelon à M. Weiss, lequel l'avait, en réalité, considérée comme l'indice d'un canal résinifère pénétrant dans la feuille.

J'ajouterai que, chacun des mamelons correspondant ainsi à une feuille, l'espacement relatif de ces feuilles s'accorde bien avec ce qu'on observe sur les gros rameaux de *Walchia;* quant à la disposition verticillée des branches primaires, elle est conforme avec ce qui existe chez les *Araucaria,* par exemple chez l'*Ar. excelsa,* dont les rameaux, nus ou du moins garnis seulement de feuilles à leur base, puis munis de nombreux ramules distiques, reproduisent si exactement l'aspect des rameaux de *Walchia.* Il n'est pas douteux que, chez ces derniers, les rameaux primaires devaient être également disposés en verticilles réguliers, de telle sorte que tout milite en faveur de

---

[1] *Bull. Soc. Géol.*, 3ᵉ sér., VIII, p. 204.

l'attribution du *Schiz. speciosum* au genre *Walchia*. Il y a même des raisons de penser, d'après leur fréquence relative, comme d'après la concordance des dimensions des parties homologues, que le *Schiz. speciosum* peut correspondre au *Walchia piniformis*.

SCHIZODENDRON TUBERCULATUM. Eichwald.

(Pl. XV, fig. 4.)

1860. **Schizodendron tuberculatum.** Eichwald, *Lethæa rossica*, I, p. 266, pl. XVIII, fig. 10.

Les *Schizodendron* étant reconnus pour des moules d'étuis médullaires, on ne saurait attribuer au développement des tiges en diamètre les différences de dimensions que peuvent offrir leurs mamelons dans le sens transversal. On ne peut songer par suite à identifier spécifiquement des échantillons à mamelons très étroits, comme le *Schiz. speciosum*, et des échantillons à mamelons très élargis, comme celui de la figure 4, planche XV. Ce dernier doit donc être tenu pour une espèce distincte, et je n'hésite pas à le rapporter au *Schiz. tuberculatum* d'Eichwald, avec lequel il concorde de tout point.

Cet échantillon a été recueilli par M. Mouret dans la carrière du Gourd-du-Diable; c'est-à-dire dans les grès à *Walchia*.

VÉGÉTAUX D'AFFINITÉS PROBLÉMATIQUES.

Genre DAUBREEIA. Renault et Zeiller.

DAUBREEIA PATERÆFORMIS. Germar (sp.).

1844. **Aphlebia pateræformis.** Germar, *Verst. d. Steink. v. Wettin u. Löbejün*, p. 5, pl. II, fig. 1, 2.

Le *Daubreeia pateræformis* a été trouvé dans les travaux du niveau de 206 mètres au puits de Larche, en échantillons bien reconnaissables par leur nervation, mais trop fragmentaires malheureusement pour fournir sur ce type énigmatique aucun renseignement nouveau.

FOSSILES ANIMAUX.

Je ne ferai que mentionner la présence dans les grès à *Walchia*, ainsi que dans les couches de même facies intercalées dans les grès rouges supérieurs, d'écailles et d'épines de Poissons et de valves d'Ostracodes. M. Mouret a cité en particulier [1] une empreinte complète de poisson trouvée par M. Dessort dans les niveaux supérieurs du puits de Larche, ainsi que des épines d'*Acanthodes* et des valves d'*Estheria minuta*, recueillies à la ferme Morel, près de Lanteuil, par M. Bergeron.

Il me paraît utile de signaler en outre des *traces* curieuses, dues peut-être à quelque Annélide, que M. Mouret a observées dans les grès permiens supérieurs de Murat (près de Châtres), appartenant à l'étage des grès de Brive, ou peut-être des grès de Grammont : elles sont formées, comme le montre la figure 14 de la planche XV, de cordons saillants munis de fines crêtes longitudinales sinueuses, anastomosées çà et là, qui déterminent à leur surface une ornementation en relief fort analogue à celle de certains *Cruziana*; seulement, ici, ces cordons sont simples et non géminés. Ils se croisent et s'entrelacent irrégulièrement, l'un effaçant l'autre au croisement, mais devenant en même temps plus saillant. On voit en divers points de l'échantillon ces cordons partir d'un tronc commun, à section circulaire ou ovale, dont la surface présente le même mode d'ornementation. Il ne me paraît pas douteux que ces cordons représentent le moulage de pistes d'animaux qui, à un moment donné, s'enfonçaient dans des trous dont l'orifice est marqué par ces troncs arrondis, ou bien en sortaient pour ramper à la surface de la vase ou du sable : lorsqu'ils croisaient une piste déjà formée, ils la traversaient en en produisant une autre plus profonde, de telle sorte que le moule de cette dernière affecte un relief plus marqué et semble comme soulevé par le cordon sur lequel il repose.

Aucun débris de fossiles animaux n'ayant été rencontré dans ces couches, il est malheureusement impossible d'émettre aucune hypothèse sérieuse pour l'attribution de ces pistes, qui, du reste, peuvent provenir d'animaux complètement mous.

[1] *Stratigraphie des dépôts permiens et houillers des environs de Brive*, p. 67, 76.

EXAMEN DE LA FLORE
AU POINT DE VUE GÉOLOGIQUE.

Il reste maintenant à déduire de la flore des diverses localités où ont été recueillies des empreintes les enseignements géologiques qu'elle est susceptible de fournir. D'une façon générale, si l'on passe en revue les espèces qui viennent d'être énumérées, on reconnaît que le plus grand nombre d'entre elles sont communes à la fois au Houiller supérieur et au Permien inférieur, quelques-unes seulement n'ont pas encore été rencontrées dans les couches permiennes; d'autres, au contraire, paraissent exclusivement propres au Permien. Les dépôts d'où proviennent ces empreintes doivent donc, dans leur ensemble, appartenir partie au Houiller supérieur, partie au Permien, et il s'agit de voir si l'on peut, en chaque point, décider auquel de ces deux terrains l'on a affaire.

La question est d'autant plus délicate que la flore permienne n'est que la continuation, très légèrement appauvrie, de la flore houillère supérieure, à laquelle viennent seulement s'ajouter quelques formes spécifiques ou génériques nouvelles; aussi les différences ne peuvent-elles s'apprécier qu'autant qu'on a entre les mains des matériaux suffisamment nombreux : il est clair que pour un gisement pauvre, qui n'aura fourni qu'un petit nombre d'espèces, les caractères négatifs consistant dans l'absence de tels ou tels types, soit exclusivement houillers, soit exclusivement permiens, demeureront à peu près sans valeur, puisque l'absence de ces types pourra n'être que fortuite et résulter simplement de l'insuffisance des éléments d'information. C'est ainsi qu'à diverses reprises déjà, certains dépôts reconnus stratigraphiquement comme permiens, et peu riches en fossiles végétaux, n'ont donné lieu qu'à la récolte d'une flore ambiguë, exclusivement composée de formes communes au Permien et au Houiller, sans aucun type caractéristique. Il ne faut donc, ainsi que l'a fait observer M. Mouret pour les couches permo-houillères de la région de Brive[1], user qu'avec prudence, pour les déterminations d'âge, des

[1] *Stratigraphie des dépôts permiens et houillers des environs de Brive*, p. 71.

14.

caractères négatifs de la flore fossile. Ces caractères prennent toutefois, pour une localité déterminée, de plus en plus d'importance à mesure que les documents se multiplient et que l'on avance dans la connaissance de la flore que l'on étudie : le rôle possible du hasard se réduit de plus en plus, et la probabilité pour que les formes non encore rencontrées aient été véritablement absentes, augmente proportionnellement au nombre des espèces observées. C'est là, au surplus, ce qui fait la valeur même des caractères positifs, la présence d'une espèce ou d'un genre donné dans un étage ne permettant évidemment de différencier celui-ci qu'autant que l'on peut affirmer l'absence, dans les étages voisins, de l'espèce ou du genre en question.

Pour la flore permienne en particulier, comparée à la flore houillère, le nombre des caractères différentiels positifs s'est sans doute quelque peu réduit lorsqu'on a exploré plus à fond les assises houillères supérieures : le genre *Walchia*, par exemple, a été observé par M. Grand'Eury dans les dépôts houillers de Saint-Étienne, représenté par deux espèces : *Walch. piniformis* et *Walch. hypnoides*, identiques, au moins en apparence et à ne juger que par les organes végétatifs, à ceux de la flore permienne ; de même le *Calamites gigas*, longtemps regardé comme spécial à cette dernière, a été rencontré dans les couches les plus élevées du bassin de la Loire, ainsi qu'à Commentry ; on en pourrait dire autant de l'*Annularia spicata* et de diverses Fougères, telles que le *Pecopteris densifolia* et le *Callipteridium gigas*.

Tel n'a pas été cependant le sort de toutes les espèces autrefois considérées comme caractéristiques du Permien : ainsi, des diverses formes spécifiques du genre *Callipteris*, aucune n'a encore été observée dans le terrain houiller supérieur, si haut qu'on s'y soit élevé, et la flore de ce terrain est aujourd'hui trop bien connue pour que leur absence puisse, à mon avis, être mise sur le compte de l'insuffisance des documents. Quelques espèces de Fougères ou de Conifères, comme les *Schizopteris*, *Pecopteris pinnatifida*, *Tæniopteris multinervis*, *Walchia filiciformis*, etc., sont également demeurées la propriété exclusive de la flore permienne.

On peut dire, il est vrai, que, si ces plantes ne sont pas représentées dans la flore houillère, c'est qu'elles étaient probablement cantonnées dans des régions éloignées des bassins de dépôt, et qu'elles se sont plus tard rapprochées de ces derniers, de sorte que la date de leur apparition, variable suivant les circonstances locales, n'aurait qu'une médiocre importance ; mais c'est là un argument qu'on pourrait également mettre en avant, à propos de toute apparition de formes végétales nouvelles, pour en diminuer la valeur au point de vue de la différenciation des niveaux. Nous n'avons, en somme, aucune donnée positive sur la manière dont se sont constituées ces formes nouvelles, sur les conditions qui ont présidé à leur élaboration. Ont-elles apparu brusquement? Se sont-elles, au contraire, développées lentement, par une série de transformations graduelles dont il ne nous est resté aucune trace, l'évolution s'étant faite sur des points situés à trop grande distance des bassins où s'accumulaient les sédiments, pour que des spécimens des formes préparatoires qui se sont succédé aient pu nous être conservés? Ce sont là des questions dont il est permis de douter que nous ayons jamais la solution, pour lesquelles, tout au moins, nous resterons longtemps encore dans le domaine des hypothèses. Ce que nous savons, ce que nous devons retenir au point de vue pratique, c'est qu'à un moment donné nous nous trouvons tout à coup en présence de formes nouvelles, de types génériques non encore observés, qui se différencient et se multiplient ensuite rapidement, de manière à imprimer dès lors à la flore un cachet particulier pour une période plus ou moins longue. Quelles que soient la façon dont ces types génériques ou spécifiques se sont formés, l'évolution à laquelle ils doivent naissance, la région d'où ils ont pu descendre, leur apparition soudaine dans les dépôts à empreintes végétales constitue par elle-même un fait nouveau, d'une valeur d'autant plus considérable que le même phénomène paraît s'être manifesté partout au même moment. Il est donc impossible de n'y pas avoir égard, et l'on est en droit de l'utiliser comme caractère distinctif.

En ce qui concerne, par exemple, les *Callipteris*, et pour n'envisager que les régions où l'on passe sans lacune du Houiller supérieur au Permien inférieur, il ne paraît pas douteux qu'il faille regarder comme contemporaines les couches du Rothliegende inférieur de la Saxe, de l'étage de Cusel dans la Sarre, de l'étage d'Igornay dans l'Autunois, de l'étage d'Artinsk en Russie, où l'on rencontre leurs premiers représentants; et partout c'est le *Call. conferta* qui se montre le premier, les autres espèces plus variées venant seulement après lui. Partout aussi cette première zone à *Call. conferta* se présente, notamment au point de vue paléontologique, avec des caractères intermédiaires qui justifient les noms de *Permo-Carbonifère, Permo-Houiller, Kohlenrothliegende, Permo-Carbon*, qui lui ont été appliqués. Toutefois le sens de ces mots a quelque peu varié, suivant l'interprétation personnelle des auteurs qui en ont fait usage et suivant les conditions géologiques particulières aux régions envisagées : il est clair que, du moment où l'on admet entre deux terrains ou entre deux étages une zone de transition, on peut être conduit, suivant les circonstances locales, à l'étendre plus ou moins dans le sens vertical; mais le rattachement de tout ou partie d'une telle zone à l'un ou à l'autre des étages entre lesquels elle est comprise n'est plus guère alors qu'une simple question d'accolades. En ce qui touche d'ailleurs le Houiller supérieur et le Permien, la distinction entre l'un et l'autre a toujours été considérée, au point de vue paléontologique, comme assez facile à établir, à la seule condition d'avoir un nombre suffisant d'éléments d'appréciation : M. Grand'Eury, par exemple, ne s'est servi du mot d'*étage permo-carbonifère* que pour grouper sous cette désignation les couches que l'insuffisance des documents recueillis ne permettrait pas toujours « de placer soit tout à fait au sommet du terrain houiller, soit tout à fait à la base du Rothliegende [1] ». De son côté, M. Schmalhausen arrive à cette conclusion, que l'étage permo-houiller d'Artinsk doit être, d'après sa flore, rattaché plutôt au Permien qu'au Houiller, et qu'il n'y a, au point de vue paléobotanique, pas plus de différences entre lui et le premier de ces deux terrains qu'entre deux zones différentes d'un même étage, ou même entre deux groupes de dépôts contemporains, mais pris dans des localités différentes [2].

Je partage absolument cette manière de voir, et sans vouloir en aucune façon critiquer l'emploi, parfaitement justifié au contraire, que M. Mouret a fait du mot *permo-houiller* pour les dépôts qui, dans la région de Brive, ont précédé le système des couches à *Walchia* et à Poissons [3], je vais essayer de montrer que, d'après leur flore, ces dépôts semblent pouvoir être décomposés en dépôts houillers à la base et en dépôts permiens à la partie supérieure.

La composition de la flore est résumée, pour chaque localité, par le tableau qui va suivre, d'après les renseignements donnés plus haut sur les provenances des divers échantillons de chaque espèce qui m'ont passé sous les yeux. J'ai, pour le bassin de Terrasson, groupé sous la rubrique *Cublac*, d'ac-

---

[1] *Flore carb. du dép. de la Loire*, p. 500.

[2] *Die Pflanzenreste der Artinsk. u. perm. Ablagerungen im Osten des europäischen Russlands*, p. 32.

[3] Mouret, *Stratigraphie des dépôts permiens et houillers de la région de Brive*, p. 5-6, 160-161, 173.

cord avec M. Mouret[1], les affleurements de Loubignac, ainsi que ceux des carrières de la Tuilière, la Villedieu, la Pagégie, et les couches traversées près de ce dernier point par le puits Camille. Pour le groupe du Lardin, j'ai jugé inutile de distinguer les argilites de Lage, où n'ont été reconnues que trois espèces, toutes des plus communes : *Pecopteris polymorpha, Dictyopteris Brongniarti, Annularia stellata.*

La mention *Bassin de Chabrignac* comprend les couches traversées par le puits au Jus de la concession de Saint-Bonnet-la-Rivière, ainsi que les affleurements des Brandes.

J'ai laissé de côté la localité du ravin du puits Neuf, près de Cublac, dont le niveau exact demeure incertain, et dans laquelle, à part des empreintes douteuses d'*Annularia spicata* et des fragments de *Poacordaites microstachys*, n'ont été recueillis que des échantillons de Fougères, *Pecopteris* et *Nevropteris*, spécifiquement indéterminables.

Enfin, pour les grès à *Walchia*, j'ai réuni sous le titre : *Autres localités*, afin de ne pas trop élargir le tableau, celles du Soleilhot près Marcillac (S), de la ferme Morel près Lanteuil (L), de Mallemort (M), de la Viale près Varetz (V), de Pichague près Larche (Pi), et de la carrière du Perrier (P).

Pour chacune des espèces inscrites au tableau, sa présence en un point est indiquée par le signe ✳, sauf pour ces dernières localités, ce signe étant remplacé par l'initiale de chacune d'elles.

Les noms en *italique* sont ceux des espèces nouvelles, ou spéciales à la localité désignée, qui ne peuvent, par conséquent, être utilisées pour la détermination du niveau. Les noms en caractères **gras** désignent les espèces qui n'ont été jusqu'à présent observées que dans des couches appartenant au terrain permien.

Je n'ai pas cru devoir distinguer par un caractère spécial les espèces propres au terrain houiller, par cette raison que, pour plusieurs de celles qui figurent au tableau, il me paraît impossible, quant à présent, d'en affirmer définitivement l'absence dans le terrain permien. La flore de ce terrain n'est peut-être pas encore assez complètement connue pour qu'une telle affirmation ne soit un peu prématurée; d'ailleurs, les seules espèces de la liste qui n'aient pas été observées dans la flore permienne ne sont guère, à part trois ou quatre, que des espèces récemment créées, trouvées pour la première fois à Commen-

[1] Mouret, *loc. cit.*, p. 35-36.

try, et sur l'extension desquelles on est loin d'être fixé; au surplus, la majeure partie de ces espèces nouvelles de Commentry ont été déjà reconnues par M. de Lima dans le Permien inférieur de Bussaco; ainsi qu'il résulte tant de la note préliminaire qu'il a publiée en 1890 [1] que des communications ultérieures qu'il a bien voulu me faire, et ce serait trop s'avancer que d'admettre qu'il n'en peut être de même pour d'autres. Je me bornerai donc, le cas échéant, à signaler, en parlant de chaque localité, les formes spécifiques qui semblent, dans l'état actuel de nos connaissances, ne pas passer du Houiller dans le Permien, mais il m'a paru préférable de ne pas chercher à les mettre en évidence dans le tableau.

[1] *Noticia sobre as camadas da serie permo-carbonica do Bussaco*, p. 11-15.

TABLEAU RÉCAPITULATIF DES ESPÈCES OBSERVÉES.

ESPÈCES OBSERVÉES.	BASSIN D'ARGENTAT.	CUBLAC.	LE LARDIN.	PUITS ARTÉT.	ARGILITES DE PÉRIGNAC.	BASSIN DE CHABRIGNAC.	LA CHAPELLE-AUX-BROTS.	PALUDIS.	NIVEAU DE 480 MÈTRES.	NIVEAU DE 306 MÈTRES.	LA CABANE.	CHÂTRES.	PONT DE LARCHE.	GOURD-DE-DIABLE.	GRIAT.	LA CAVE.	AUTRES LOCALITÉS.
Sphenopteris Matheti...........	·	?	·	·	·	✶	·	·	·	·	·	·	·	·	·	·	·
— Moureti...........	·	·	·	·	·	·	·	·	·	·	·	·	·	✶	·	·	S
— sp.............	·	·	·	·	·	·	·	·	·	·	·	·	·	·	·	✶	·
— cristata.........	·	✶	·	·	·	✶	·	·	·	·	·	·	·	·	·	·	·
— Decheni........	·	·	·	·	·	·	·	·	✶	·	·	·	·	·	·	·	·
Eremopteris sp.........	·	·	·	·	·	·	✶	·	·	·	·	·	·	·	·	·	·
Diplotmema Palsaui.........	·	·	·	✶	·	·	·	·	·	·	·	·	·	·	·	·	·
— Ribeyroni.........	·	·	✶	·	·	·	·	·	·	·	✶	?	·	·	·	·	·
Schizopteris trichomanoides....	·	·	·	·	·	·	·	·	·	·	·	·	·	✶	·	·	·
— dichotoma........	·	·	·	·	·	·	·	·	·	·	·	·	·	✶	·	✶	P
Pecopteris arborescens.........	✶	·	✶	✶	✶	·	·	·	✶	·	·	·	·	·	·	·	·
— cyathea.............	✶	✶	✶	✶	✶	✶	✶	✶	✶	✶	✶	·	·	·	·	·	·
— Candollei.........	·	✶	·	✶	✶	✶	✶	·	✶	·	·	·	·	·	·	·	·
— hemitelioides	✶	✶	✶	·	✶	✶	✶	·	✶	·	·	✶	·	·	·	·	·
— oreopteridia.........	·	·	✶	✶	?	·	✶	·	·	✶	?	✶	✶	✶	·	·	·
— Daubreei.........	·	✶	✶	✶	·	✶	✶	·	✶	✶	✶	·	·	·	·	·	·
— Platoni.............	·	✶	·	·	✶	·	·	·	·	·	·	·	·	·	·	·	·
— polymorpha	✶	✶	✶	✶	✶	·	·	✶	✶	✶	✶	✶	·	·	·	·	L
— pseudo-Bucklandi.....	·	·	·	✶	·	✶	·	·	·	·	·	·	·	·	·	·	·
— Bredovi.............	·	·	·	·	·	✶	·	·	·	·	·	·	·	·	·	·	·
— pinnatifida.........	·	·	·	·	·	·	·	·	·	·	·	·	·	·	·	✶	·
— integra.............	·	·	·	✶	?	·	·	·	·	·	·	·	·	·	·	·	·
— unita.............	·	✶	✶	·	✶	·	·	·	✶	✶	✶	·	·	·	·	·	·
— Monyi.............	·	·	·	·	✶	·	·	·	·	·	·	·	·	·	·	·	·
— feminæformis.........	·	✶	✶	·	·	·	·	·	✶	·	·	·	·	·	·	·	·
— — v. diplazioides..	·	·	·	✶	·	·	✶	✶	·	?	·	·	·	·	·	·	·
— dentata, v. obscura....	·	·	·	·	·	✶	·	·	✶	·	·	?	·	·	·	·	·
— Bioti.............	✶	✶	✶	·	✶	·	·	·	·	·	·	·	·	·	·	·	·
— Beyrichi.............	·	·	·	·	✶	·	·	·	·	·	·	·	·	·	·	·	·
— Sterzeli.............	·	✶	·	✶	✶	✶	·	·	?	·	·	·	·	·	·	·	·
— leptophylla.........	·	·	·	·	·	·	·	·	·	·	·	·	·	✶	·	·	·
Callipteridium pteridium.......	✶	·	·	✶	·	·	✶	·	·	·	·	·	·	·	·	·	·
— gigas.............	·	✶	·	·	·	·	·	·	·	·	·	·	·	·	·	·	·
Callipteris conferta...........	·	·	·	·	·	·	·	✶	·	✶	·	✶	·	·	·	·	·
— — v. polymorpha...	·	·	·	·	·	·	·	·	·	✶	·	·	·	✶	·	·	·
— subauriculata.......	·	·	·	·	·	·	·	·	·	·	·	·	·	✶	·	·	·
— Curretiensis.........	·	·	·	·	·	·	·	·	·	·	·	?	·	✶	·	·	·
— Naumanni.........	·	·	·	·	·	·	·	·	·	·	·	·	·	✶	·	✶	·

IMPRIMERIE NATIONALE.

ESPÈCES OBSERVÉES.	BASSIN D'ARGENTAT.	BASSIN DE TERRASSON.				BASSIN DE CHABRIGNAC.	LA CHAPELLE-AUX-BROTS.	PARNADIS.	PUITS de LARCHE.		LA CABARE.	CHÂTRES.	GRÈS À *WALCHIA*.				
		CUBLAC.	LE LARDIN.	PUITS BAUDET.	ARGILITES DE PEYRISSAC.				NIVEAU DE 450 MÈTRES.	NIVEAU DE 706 MÈTRES.			PONT DE LARCHE.	GOURD-DU-DIABLE.	ORLIAT.	LA GANE.	AUTRES LOCALITÉS.
Callipteris diabolica...........	»	»	»	»	»	»	»	»	»	»	»	»	✗	»	»	»
Alethopteris Graudini..........	✗	✗	»	»	»	✗	»	»	»	»	»	»	»	»	»	»
Odontopteris Brardi...........	»	✗	✗	»	»	✗	»	✗	»	✗	✗	»	»	»	»	»
— Reichiana..........	»	?	»	»	»	»	»	»	»	»	»	»	»	»	»	»
— minor.............	»	»	✗	»	»	»	»	»	»	»	»	»	»	»	»	»
— lingulata.........	»	✗	»	»	?	»	»	»	»	»	»	»	✗	✗	✗	*L*
— **Qualeni**...........	»	»	»	»	»	»	»	»	✗	»	»	»	»	»	»	»
— obtusa.............	»	✗	»	»	»	»	»	»	»	»	✗	»	»	»	»	»
Nevropteris cordata.............	»	✗	»	»	»	»	»	»	»	»	»	»	»	»	»	»
— *Delasi*............	»	»	»	»	✗	»	»	»	»	»	»	»	»	»	»	»
Dictyopteris Brongniarti........	»	✗	✗	✗	✗	✗	»	✗	✗	»	✗	»	»	»	»	»
— *sp*...............	»	»	»	✗	»	»	»	»	»	»	»	»	»	»	»	»
— Schützei..........	»	»	»	»	»	»	»	»	»	»	»	»	»	»	»	*(L?)*
Tæniopteris jejunata...........	»	✗	»	»	»	»	»	»	✗	»	»	»	»	»	»	»
Aphlebia Germari.............	»	»	»	»	✗	»	»	»	✗	»	»	»	»	»	»	»
— acanthoides..........	»	»	✗	»	»	✗	»	»	✗	»	»	»	»	»	»	»
— elongata.............	»	✗	»	»	»	»	»	»	»	»	»	»	»	»	»	»
— *Dessorti*...........	»	»	»	»	»	»	»	»	✗	»	»	»	»	»	»	»
— *sp*...............	»	»	»	»	»	»	»	»	»	»	»	»	✗	»	»	»
Zygopteris pinnata.............	»	✗	»	»	»	»	»	»	»	»	»	»	»	»	»	»
— cornuta.............	»	»	»	»	»	»	»	»	✗	»	»	»	»	»	»	»
Equisetites cf. Vaujolyi.......	»	✗	?	»	✗	»	»	»	»	»	»	»	»	»	»	»
Calamites Suckowi.............	»	✗	?	»	?	»	»	»	»	»	»	»	»	»	»	»
— major..............	✗	»	»	»	»	»	»	»	»	»	»	»	»	»	»	»
— undulatus...........	»	»	»	»	»	»	»	»	✗	»	»	»	»	»	»	»
— leioderma...........	»	✗	»	»	»	»	»	»	✗	»	»	»	»	✗	»	»
— nodosus.............	»	»	✗	»	»	»	»	»	»	»	»	»	»	»	»	»
— gigas...............	»	»	»	»	»	»	»	»	»	»	»	?	✗	✗	»	»
Calamophyllites varians........	»	»	»	»	»	»	»	»	✗	»	»	»	»	»	»	»
Asterophyllites equisetiformis....	✗	✗	»	»	»	»	✗	✗	✗	»	»	»	»	»	»	»
— *Damasi*..........	»	»	»	»	»	»	»	»	»	»	»	»	✗	✗	»	»
Macrostachya carinata	✗	»	»	»	✗	✗	»	»	»	»	»	»	»	»	»	»
Annularia stellata.............	✗	✗	✗	✗	✗	»	»	✗	»	✗	✗	»	?	»	»	*P*
— sphenophylloides......	✗	✗	»	✗	»	»	»	»	»	»	»	»	»	»	»	*L*
— spicata.............	»	»	✗	»	✗	»	»	»	»	»	»	»	»	»	✗	»
Sphenophyllum oblongifolium....	✗	✗	✗	✗	✗	»	✗	»	»	✗	✗	»	»	»	»	»
— angustifolium....	»	✗	»	»	»	»	»	»	»	»	»	»	»	»	»	»
— tænuifolium.....	»	»	»	»	»	»	»	»	✗	»	»	»	»	»	»	»
— Thoni..........	»	»	»	»	»	✗	»	»	✗	»	»	✗	»	»	»	»
Lepidodendron Gaudryi.........	»	»	»	»	»	»	»	»	✗	»	»	»	»	»	»	»
Lepidophloios laricinus.........	»	»	»	»	»	»	»	»	✗	»	»	»	»	»	»	»

ESPÈCES OBSERVÉES.	BASSIN D'ARGENTAT.	BASSIN DE TERRASSON.				BASSIN DE CHABRIGNAC.	LA CHAPELLE-AUX-BROTS.	PARADIS.	PUITS de LARCHE.		LA CABANE.	CHÂTRES.	GRÈS À *WALCHIA*.				
		GUILLAC.	LE LARDIN.	PUITS-RAUTET.	AMELIÈRES DE PEYSSAC.				NIVEAU de 150 MÈTRES.	NIVEAU de 108 MÈTRES.			PONT-DE-LARCHE.	GOURD DU DIABLE.	ORLIAC.	LA GAYE.	AUTRES LOCALITÉS.
Lepidophloios Dessorti										✶							
Knorria Selloni										✶							
Lepidostrobus Fischeri										✶							
Lepidophyllum majus						✶				✶							
— lanceolatum										✶							
Sigillaria sp.	✶											✶					
— lepidodendrifolia	✶																
— *Moureti*		✶															
— *Brardi*		✶	✶														
— **approximata**		✶								✶							
Sigillariostrobus strictus		✶	✶														
Stigmaria ficoides	✶	✶	✶			✶			✶	✶							
Cordaites sp.	✶	✶									✶					✶	
— angulosostriatus		✶	✶														
— lingulatus		✶	✶		✶												
Dorycordaites Ottonis								✶						✶	✶		
Poacordaites microstachys	✶													✶			
Artisia sp.														✶			
Cordaicarpus subreniformis		✶															
— sclerotesta					✶												
— punctatus					✶												L
— congruens																	P
— disciformis			✶					✶									
— ovoideus		✶						✶									
Rhabdocarpus subtunicatus		✶			✶			✶			✶						(S?)
Trigonocarpus sp.		✶											✶				L
Hexagonocarpus crassus		✶															
Codonospermum anomalum		✶						✶									
Samaropsis granulata					✶												
— sociatis		✶															L
— moravica					✶												
Dicranophyllum gallicum	✶																S
Walchia piniformis		✶	✶												✶	✶	S
— flaccida													✶				
— hypnoides														✶	✶	✶	S. M. V. Pi.
— filiciformis																✶	S. Pi.
Gomphostrobus bifidus		✶															L
Schizodendron tuberculatum														✶			
Daubreeia paternaeformis									✶								

Bassin d'Argentat. — A Argentat, les espèces les plus fréquentes sont les *Pecopteris arborescens, Callipteridium pteridium* et *Dicranophyllum gallicum;* il est à noter que la première d'entre elles, bien qu'elle se continue dans le Permien inférieur, devient moins commune dans le Houiller supérieur, à mesure qu'on se rapproche de son sommet. Le *Dicranophyllum gallicum* n'a, jusqu'à présent, pas été trouvé dans la flore permienne, et, bien qu'il ait été rencontré à Commentry, il semble que son maximum de développement ait eu lieu plutôt vers le milieu que vers le haut du terrain houiller supérieur. Il convient aussi d'avoir égard à la présence du *Sigillaria lepidodendrifolia,* qui, lui, n'atteint peut-être pas, ou tout au moins ne semble pas dépasser les couches les plus élevées de ce terrain : il n'a été, notamment, observé dans le bassin de Commentry que dans les dépôts de Colombier et dans les galets de Longeroux, et il paraît manquer dans la Grande-Couche.

En résumé, et bien qu'il n'ait pas été recueilli à Argentat une quantité bien considérable d'empreintes, je crois que les couches de ce bassin doivent, ainsi que M. Grand'Eury l'avait admis [1] et que je l'avais moi-même indiqué [2], être classées dans l'étage des Fougères, c'est-à-dire au niveau de celles d'Ahun et des couches moyennes de Saint-Étienne.

Bassin de Terrasson. — De tout le bassin de Terrasson, c'est le groupe de Cublac qui a donné lieu aux récoltes les plus abondantes, et c'est celui dont la flore est le mieux connue; on se trouve là, comme ensemble, en présence à peu près des mêmes espèces qu'à Commentry, espèces dont un bon nombre passent du Houiller supérieur dans le Permien. On y remarque même quelques types spécifiques qui n'ont pas encore été signalés dans le Houiller et qui pourraient faire hésiter sur le classement de ces couches de Cublac : je mentionnerai d'abord le *Calamites leioderma,* en faisant observer toutefois que Gutbier a lui-même, en établissant cette espèce, signalé sa présence comme probable dans les couches houillères de Zwickau; aussi n'en ai-je pas inscrit le nom avec le caractère spécial aux espèces permiennes; j'ajouterai qu'il a été recueilli à Commentry des formes extrêmement voisines, et que le *Calamodendron inæquale* Renault [3], en particulier, lui ressemble singulièrement; sans vouloir affirmer qu'il y ait identité, je ne serais pas surpris qu'il ne fallût voir

[1] *Flore carb. du dép. de la Loire,* p. 529.
[2] *Annales des mines,* 7ᵉ sér., XII (2ᵉ vol. de 1877), p. 380.
[3] *Flore foss. du terr. houiller de Commentry,* 2ᵉ part., p. 460, pl. LVI, fig. 2.

sous ces différents noms, ainsi qu'il arrive souvent pour les Calamites, que des parties différentes d'une même plante. Le *Sigillaria approximata*, dont on a rencontré des fragments d'écorces au puits Camille, n'avait été trouvé encore que dans le Permien de la Virginie; mais, outre que cette découverte dans une localité unique n'apprend rien sur les limites d'extension de l'espèce, il est possible que celle-ci ait été déjà rencontrée ailleurs et à d'autres niveaux, et confondue avec certaines formes du *Sig. Brardi*, dont elle est excessivement voisine. Enfin la présence à Loubignac du *Gomphostrobus bifidus* ne me paraît pas pouvoir autoriser non plus à rapporter ces couches au Permien plutôt qu'au Houiller : il s'agit ici d'organes de très petites dimensions, qui ont dû, dans un grand nombre de cas, échapper à l'observation, et sur lesquels on ne saurait dès lors faire grand fonds pour la distinction des niveaux; leur association à Loubignac avec des rameaux de *Walchia piniformis* vient seulement à l'appui de cette idée, souvent énoncée, que l'on confond peut-être sous un même nom plusieurs formes de Conifères ayant eu des rameaux identiques, mais différant les unes des autres par leurs organes de fructification.

On n'a affaire là, en somme, qu'à deux ou trois espèces rares, sur lesquelles il serait dangereux de s'appuyer, dans l'ignorance où l'on est de la date première de leur apparition; le fait qu'elles ont été rencontrées dans le Permien confirme simplement les indications déjà fournies par d'autres types spécifiques, tels, par exemple, que *Callipteridium gigas, Odontopteris lingulata, Odont. obtusa, Walchia piniformis*, dont l'existence à Cublac prouve que les dépôts à facies houiller de cette localité doivent être placés tout à fait au sommet de la formation houillère supérieure, sur le seuil de l'époque permienne. Je ferai remarquer, au surplus, que le *Nevropteris cordata*, nettement observé à Cublac, paraît bien positivement manquer dans le Permien, l'espèce de ce dernier terrain décrite sous ce nom par Gœppert ayant été reconnue pour un type spécifique parfaitement distinct [1]. L'*Odontopteris Reichiana*, si son existence à Cublac venait à être définitivement établie, fournirait encore une preuve dans le même sens.

Pour le Lardin, la flore, moins bien connue que celle de Cublac, ne comprend guère que des espèces communes à la fois au Houiller supérieur et au Permien inférieur, mais plus fréquentes pour la plupart dans le Houiller que

---

[1] W. de Lima, *Noticia sobre as camadas da serie permo-carbonica do Bussaco*, p. 15-16; *Bull. Soc. Géol.*, 3ᵉ sér., XIX, p. 137.

dans le Permien. La couche du Lardin paraît être, comme on sait [1], située à un niveau un peu plus élevé que celle de Cublac; elle appartient toutefois au même groupe de dépôts, et il n'y a aucune raison, ni paléontologique, ni stratigraphique, pour lui assigner une place différente dans la série géologique.

Il en est de même pour la couche rencontrée par le puits Sautet, et dont la flore, bien que représentée par un nombre d'espèces encore moindre, ne diffère pas sensiblement de celle du Lardin; il est, du reste, probable, d'après les observations de M. Mouret [2], que cette couche du puits Sautet représente le prolongement de la couche du Lardin.

Quant aux argilites du vallon de la Nuelle, près de Peyrignac, leur flore, sans différer notablement de celle de Cublac, du Lardin ou du puits Sautet, offre cependant quelques particularités qui méritent qu'on s'y arrête. Tout d'abord elle ne renferme aucune espèce dont on puisse affirmer l'absence dans la flore permienne : on ignore en effet les limites d'extension du *Pecopteris pseudo-Bucklandi*, observé seulement à Löbejün et à Ilfeld, dans les couches les plus élevées du Houiller supérieur, et il est probable qu'il a dû passer de ce niveau, au-dessous duquel on ne l'a jamais signalé, dans les couches inférieures du Permien; je ne serais pas surpris, du reste, qu'il fallût lui attribuer certains fragments de pennes de Bussaco, qui m'ont été communiqués par M. de Lima. J'ai également, comme je l'ai dit ailleurs [3], des raisons sérieuses de croire que le *Pec. Sterzeli* existe dans les schistes bitumineux de l'Autunois. Or ces deux espèces sont les seules pour lesquelles il aurait pu s'élever quelques doutes, toutes les autres ayant été retrouvées dans le Permien.

D'un autre côté, quelques-unes des formes spécifiques de cette flore de Peyrignac sont plutôt permiennes que houillères : le *Pec. Beyrichi* n'est connu jusqu'à présent que du Permien de Lebach; seulement, par ce fait même qu'il n'a encore été observé que sur un seul point, il est impossible de le considérer comme vraiment caractéristique; je ferai remarquer toutefois que les formes les plus voisines, *Pec. Schimperiana* de Virginie et *Pec. Schenki* de Bussaco [4], n'ont été non plus rencontrées que dans le Permien inférieur.

[1] Mouret, *Stratigraphie des dépôts permiens et houillers des environs de Brive*, p. 39, 181, 187.
[2] Id., *ibid.*, p. 42.
[3] *Bassin houiller et permien d'Autun, Flore fossile*, 1ʳᵉ partie, p. 43.
[4] W. de Lima, *Bull. Soc. Géol.*, 3ᵉ sér., XIX, p. 138.

Les fragments de gaines d'*Equisetites* recueillis dans ces argilites de Peyrignac sont trop incomplets pour qu'on puisse les déterminer avec certitude, mais on ne saurait nier leur ressemblance avec l'*Eq. Vaujolyi* du Permien de l'Allier; il est vrai que l'on ignore également la date de la première apparition de celui-ci. Le *Samaropsis moravica*, rencontré une seule fois dans le Houiller, à Commentry, et fréquent surtout dans le Permien, fournit une indication dans le même sens. Enfin, bien qu'on ne puisse rien déduire de certain d'une espèce nouvelle, il est impossible de n'être pas frappé des affinités du *Nevropteris Delasi* avec le *Nevr. salicifolia* du Permien de Russie.

On est, d'après cela, fondé à considérer les argilites de Peyrignac, situées à la partie la plus élevée de la formation houillère de Terrasson, comme représentant le terme tout à fait ultime des dépôts houillers supérieurs et confinant immédiatement au Permien, si même elles ne font pas déjà partie de ce terrain. Il se pourrait en effet qu'elles fussent vraiment permiennes, et contemporaines, ainsi que M. Mouret est disposé à le penser [1], des couches à *Callipteris* de Châtres, dont je parlerai un peu plus loin; malheureusement, il est impossible de rien affirmer à cet égard : les couches de Châtres étant isolées, il n'y a guère à espérer qu'on parvienne à leur raccorder celles de Peyrignac et qu'ainsi la question puisse être résolue stratigraphiquement. Le niveau des couches de Peyrignac demeure donc quelque peu indécis; mais peut-être de nouvelles recherches feront-elles découvrir quelque jour dans ces argilites des espèces plus caractéristiques que celles qui y ont été recueillies jusqu'à présent, et permettront-elles de s'assurer définitivement s'il faut les classer au sommet du Houiller supérieur ou bien à la base du Permien.

Bassin de Chabrignac. — Les dépôts houillers de Chabrignac, sur lesquels a été établie la concession de Saint-Bonnet-la-Rivière, depuis longtemps inexploitée, n'ont fourni qu'un très petit nombre d'empreintes, ne renfermant aucune forme bien caractéristique au point de vue de l'âge. Cependant la flore est trop semblable à celle de Cublac pour qu'on ne soit pas autorisé à ranger sur le même niveau les couches de ces deux localités, les observations stratigraphiques ne fournissant d'ailleurs aucun argument à l'encontre de cette assimilation.

[1] Mouret, *loc. cit.*, p. 44.

Affleurements de la Chapelle-aux-Brots. — Les recherches faites par M. Mouret sur les grès argileux micacés de la Chapelle-aux-Brots lui ont fait découvrir une flore assez riche, du moins comme quantité d'empreintes, mais presque exclusivement composée de Fougères, avec quelques rares débris de *Sphenophyllum.* Toutes les espèces qui y ont été rencontrées, à part toutefois le *Pecopteris pseudo-Bucklandi* et le *Pec. Bredovi,* sont connues aussi bien dans le Permien inférieur que dans le Houiller supérieur : pour la première de ces Fougères, je ne puis que me référer à ce que j'en ai dit plus haut à propos des argilites de Peyrignac. Quant au *Pec. Bredovi,* qui n'avait été, jusqu'à ces derniers temps, observé qu'à Wettin et dans le système d'Ottweiler dans la Sarre, il a été retrouvé récemment à Karniowitz, aux environs de Cracovie, par M. Raciborski, dans des couches que celui-ci classe simplement comme permo-houillères, en faisant observer que, ne renfermant ni *Callipteris,* ni *Walchia,* elles doivent appartenir plutôt à la région la plus élevée du Houiller supérieur qu'au Permien [1]; pour ma part, je serais plus disposé à considérer ces couches de Karniowitz comme permiennes, en raison de l'abondance avec laquelle on y trouve le *Tæniopteris multinervis,* que je n'ai, jusqu'à présent, jamais vu dans le Houiller. Je ne crois donc pas qu'on puisse regarder le *Pec. Bredovi,* non plus que le *Pec. pseudo-Bucklandi,* comme susceptible de faire, à défaut d'autres indications, classer dans le Houiller supérieur plutôt que dans le Permien les couches dans lesquelles on le rencontre; mais ce qu'on doit noter à la Chapelle-aux-Brots, c'est que, dans le très grand nombre d'empreintes de Fougères qui y ont été recueillies, l'on ne voit aucune forme franchement permienne. On est dès lors fondé à penser que les grès de cette localité sont plutôt houillers que permiens, et la grande ressemblance que leur flore, prise dans son ensemble, présente avec celle du Lardin et du puits Saütet, s'accorde parfaitement avec les conclusions stratigraphiques auxquelles a été conduit M. Mouret, qui les place à peu près au niveau du Lardin [2].

Recherches des Parjadis. — La flore recueillie aux Parjadis, bien qu'assez incomplète, présente, par le groupement et l'abondance relative des espèces qu'elle renferme, par la fréquence notamment avec laquelle on y rencontre l'*Odontopteris Brardi,* la ressemblance la plus étroite avec celle du groupe de

---

[1] M. Raciborski, *Permokarbonska Flora Karniowickiego wapienia,* p. 24, 25, pl. VII, fig. 5, 8; p. 40; *Anzeiger der Akad. d. Wissensch. in Krakau,* 1890, p. 269.

[2] Mouret, *Stratigraphie des dépôts permiens et houillers des environs de Brive,* p. 52.

Cublac, et l'on est ainsi conduit à classer les couches de houille et les grès traversés au cours de ces recherches sur le même niveau que les dépôts houillers de Cublac.

Puits de Larche. — Il faut vraisemblablement placer également à ce niveau les couches à empreintes rencontrées par le puits de Larche à 430 mètres de profondeur, et qui n'ont fourni qu'un petit nombre d'espèces, appartenant toutes aux types les plus répandus dans le Houiller supérieur, sans aucun indice de formes permiennes.

Mais, si les couches inférieures de ce puits n'ont rien donné de bien intéressant au point de vue paléontologique, il n'en est pas de même de la couche explorée à la profondeur de 206 mètres, de laquelle M. Dessort a extrait une masse considérable d'empreintes, représentant une flore beaucoup plus riche. On y remarque surtout, à côté d'espèces indifféremment houillères et permiennes, quelques types spécifiques nettement caractéristiques du Permien : le *Callipteris conferta*, en particulier, s'y est montré assez abondant, tant sous la forme typique que sous la forme *polymorpha;* je mentionnerai en outre *Pecopteris pinnatifida, Odontopteris Qualeni* et *Sphenophyllum tenuifolium,* sans parler du *Sigillaria approximata,* auquel, comme je l'ai dit plus haut, on ne peut attribuer la même importance au point de vue de la détermination de l'âge.

Il n'y a donc pas à hésiter sur le classement de cette couche du niveau de 206 mètres : on a certainement affaire là au Permien inférieur, à des dépôts contemporains de l'étage de Cusel dans la Sarre, l'absence, par exemple, de formes plus variées de *Callipteris* suffisant, d'ailleurs, à prouver qu'on n'est encore qu'au début de l'époque permienne.

Il importe de noter que cette couche de 206 mètres, dans laquelle ont été récoltés ces *Callipteris,* fait partie d'une zone à faciès nettement houiller, présentant les mêmes caractères lithologiques que les grès véritablement houillers de la base du même puits. Elle est, il est vrai, comme le montrent les coupes relevées par M. Dessort et reproduites par M. Mouret [1], intercalée au milieu de grès gris, rougeâtres et bigarrés, présentant déjà le faciès permien, mais dans lesquels il n'a pas été rencontré d'empreintes. En tout cas, la présence du *Callipteris conferta* dans des dépôts à faciès houiller prouve bien que l'appa-

[1] Mouret, *loc. cit.,* p. 34, 67, 193-195.

IMPRIMERIE NATIONALE.

rition de cette espèce n'est pas liée au facies des roches et que, si elle manque dans les couches houillères de Cublac, on ne peut imputer son absence à ce qu'elle aurait été exclusivement cantonnée dans les dépôts à facies permien. C'est une confirmation de ce que j'ai dit plus haut, et une preuve nouvelle de l'insuffisance des seuls caractères lithologiques pour la distinction des niveaux.

Grès de la Cabane. — Les grès de la Cabane, qui, dans la région de Cublac, paraissent couronner les grès rouges inférieurs, n'ont fourni, malgré les recherches répétées qu'y a faites M. Delas, qu'un très petit nombre d'empreintes, le plus souvent mal conservées. Les espèces que j'y ai reconnues sont toutes, comme cela s'est déjà produit pour d'autres points, aussi bien permiennes que houillères, et ne peuvent conduire, par elles-mêmes, à des conclusions précises. J'ai remarqué, il est vrai, sur l'un des échantillons qui m'ont été communiqués par M. Delas, un lambeau de fougère qui m'a paru pouvoir se rapporter au genre *Callipteris*, mais qui était malheureusement trop incomplet et en trop mauvais état pour être susceptible d'une détermination tant soit peu sûre; il donne du moins à penser que l'absence apparente des *Callipteris* dans la flore de la Cabane peut n'être pas définitive. Elle serait dans tous les cas simplement accidentelle, puisque l'existence de ce genre dès le milieu du dépôt des grès rouges inférieurs est attestée par les observations faites au niveau de 206 mètres du puits de Larche.

Mais si la flore de ces grès de la Cabane eût été, à défaut de renseignements stratigraphiques précis, insuffisante pour les faire classer dans le Permien, je crois qu'elle permet du moins, en raison précisément des espèces houillères qu'elle renferme, de leur assigner une limite supérieure : en effet, la présence, dans ces grès, notamment du *Diplotmema Ribeyroni*, du *Pecopteris Daubreei*, de l'*Odontopteris Brardi*, du *Sphenophyllum oblongifolium*, ne me paraît pas permettre de les identifier aux grès à *Walchia*, avec lesquels on aurait été, par leur facies, conduit à les assimiler. Aucune de ces espèces ne paraît s'élever jusqu'au niveau de ces grès à *Walchia*, et si un certain nombre d'entre elles se montrent à Bussaco, en Portugal, associées avec quelques-unes de celles du Gourd-du-Diable, telles que *Schizopteris trichomanoïdes* et *Pecopteris leptophylla*[1], il ne faut pas oublier qu'à Bussaco, le genre *Callipteris*

_____

[1] W. de Lima, *Noticia sobre as camadas da serie permo-carbonica do Bussaco*, p. 11-13.

n'est représenté que par le seul *Call. conferta*, et ne comprend pas encore les formes variées qui se montrent dans les grès à *Walchia* des environs de Brive et qui conduisent à les placer à un niveau un peu plus élevé dans la formation permienne.

Châtres. — Je reviens maintenant aux couches à empreintes de Châtres, constituées par des grès quartzeux gris ou jaunâtres alternant avec des schistes auxquels sont subordonnées des argilites, et que M. Mouret serait disposé, comme je l'ai déjà dit, à considérer comme le prolongement des couches de Peyrignac [1]. La flore de Châtres est caractérisée par la présence, à côté d'espèces indifféremment houillères ou permiennes, d'assez nombreux fragments de frondes de *Callipteris conferta*, de telle sorte que, me référant aux observations que j'ai formulées plus haut, je ne puis regarder ces couches de Châtres comme plus anciennes que le Permien inférieur.

Je reste indécis, ainsi que je l'ai déjà dit, sur le niveau des argilites de Peyrignac, dont la flore, malgré certaines affinités permiennes assez marquées, ne fournit pas de preuve décisive; mais je ne serais nullement surpris, je le répète, qu'elles fussent réellement, comme le présume M. Mouret, contemporaines de celles de Châtres et qu'il fallût ainsi les classer, non pas au sommet du Houiller supérieur, mais à la partie inférieure du Permien.

Division du Permo-houiller de la région de Brive en deux étages. — L'étude de la flore des diverses localités qui viennent d'être passées en revue conduit, comme on a pu le voir, à rapporter les unes au sommet du Houiller supérieur et les autres à la base du Permien, et montre en même temps que la considération du faciès ne suffit pas pour déterminer le niveau précis des couches envisagées.

Le passage graduel du faciès houiller au faciès permien, non seulement sur une même verticale, mais parfois aussi sur un même niveau, légitime évidemment, au point de vue stratigraphique, l'emploi, pour ces dépôts des environs de Brive, du terme de *Permo-houiller* sous lequel M. Mouret a groupé [2] les grès houillers et les grès rouges inférieurs de la région qu'il a étudiée; c'est, en effet, au cours de la formation de ces dépôts que s'est fait le passage du Houiller au Permien, et l'on peut dire, si l'on considère leur ensemble,

[1] Mouret, *loc. cit.*, p. 43, 44.
[2] Id., *ibid.*, p. 5.

qu'on a affaire là à une sorte d'étage intermédiaire entre ces deux terrains. Il est clair, d'ailleurs, que lorsque la sédimentation s'est ainsi faite d'une manière continue, il est pratiquement fort difficile, pour ne pas dire impossible, de marquer dans la série des assises une limite séparative, qui ne répond à aucun phénomène apparent, bien que l'on puisse avoir la preuve que les dépôts de la base et ceux du sommet appartiennent à deux étages géologiques différents. D'autre part, pour ceux des niveaux intermédiaires sur lesquels on ne possède que des renseignements paléontologiques incomplets, il est commode également de faire usage de termes un peu ambigus, et c'est dans ce sens, à titre de désignation provisoire pour les couches dont la flore ne serait pas suffisamment connue, que M. Grand'Eury avait pris [1] le mot de *Permo-carbonifère*.

Ce dernier cas est précisément celui dans lequel on se trouve aux environs de Brive pour certains dépôts, comme ceux de Peyrignac, par exemple, à l'égard desquels il est impossible de se prononcer d'une façon précise; mais, pour la plupart des autres localités, l'incertitude n'existe pas, et j'ai indiqué les raisons pour lesquelles chacune d'elles me paraissait devoir être rapportée soit au Houiller supérieur, soit au Permien.

En résumé, si l'on met à part le bassin d'Argentat, qui paraît remonter à une époque un peu plus ancienne que les autres dépôts houillers de la région et que je rapporte à l'étage des Fougères, on peut, dans les dépôts permohouillers des environs de Brive, établir deux étages distincts : le premier correspond à ce que M. Grand'Eury a appelé l'étage des Calamodendrées, c'est-à-dire, par exemple, aux couches de Commentry, ou à celles du Grand-Moloy, près d'Autun; le second, à la base du Permien, c'est-à-dire à l'étage de Cusel dans la Sarre, à celui d'Igornay dans l'Autunois; les *Callipteris* semblent toutefois, à Châtres ou au puits de Larche, comme d'ailleurs à Cusel, moins rares qu'ils ne le sont à Igornay, mais ils n'offrent pas la variété de formes qu'ils présentent déjà dans l'étage de la Comaille-Chambois, et le fond de la flore demeure bien, de même qu'à Igornay, composé d'espèces houillères.

Au premier de ces deux étages, c'est-à-dire au sommet du Houiller supérieur, appartiennent les couches de Cublac et du Lardin, celles du fond du puits de Larche, celles de Chabrignac, des Parjadis et de la Chapelle-aux-Brots. Il semble, si l'on entre dans le détail, qu'on doive mettre à peu près sur

---

[1] *Flore carb. du dép. de la Loire*, p. 500.

le même rang les dépôts de Cublac, ceux du niveau de 430 mètres du puits de Larche et ceux des Parjadis, ainsi probablement que ceux de Chabrignac; le Lardin se placerait un peu au-dessus, avec la couche du puits Sautet et les affleurements de la Chapelle-aux-Brots. Il faut classer dans le même étage les couches les plus profondes des grès rouges inférieurs du bassin de Brive, qui, d'après les observations de M. Mouret[1], paraissent contemporaines des dépôts houillers de Cublac, mais dans lesquelles, malheureusement, on ne trouve pas de débris végétaux reconnaissables.

Dans l'étage supérieur, c'est-à-dire dans le Rothliegende inférieur, viennent se ranger la couche de 206 mètres du puits de Larche, celles de Châtres, ainsi que les grès de la Cabane, ces derniers formant, comme le montre l'étude stratigraphique de la région, le terme le plus élevé du groupe. Cet étage comprendrait les couches moyennes et supérieures des grès rouges inférieurs.

Quant aux argilites de Peyrignac, elles sont certainement situées au voisinage de la limite séparative de ces deux étages, limite dont la position exacte est évidemment fort difficile à préciser; elles représentent soit le terme extrême du Houiller, le couronnement de l'étage inférieur, soit la base de l'étage supérieur, le commencement du Permien. Pour le moment, la question demeure indécise et l'on n'en peut espérer la solution que de découvertes paléontologiques nouvelles.

Grès à Walchia. — Je rapporte ici aux grès à *Walchia*, d'accord avec M. Mouret, les affleurements du pont de Larche, que j'avais jadis indiqués comme me paraissant plutôt appartenir au Houiller, en raison de la présence du *Pecopteris oreopteridia* et surtout du *Pec. polymorpha*[2]; j'ai constaté depuis lors que le *Pec. polymorpha*, de même que le *Pec. oreopteridia*, passe réellement du Houiller dans le Permien, et j'ai reconnu son existence jusque dans l'étage de Millery des schistes bitumineux de l'Autunois. D'ailleurs la découverte, dans les schistes gris du pont de Larche, d'un *Callipteris* incontestable, et pour le moins très analogue, sinon identique, au *Call. Curretiensis* du Gourd-du-Diable, est venue lever les derniers doutes qui me restaient sur l'âge de ces couches.

C'est ce même niveau qui a été traversé par la partie supérieure du puits

[1] Mouret, *loc. cit.*, p. 115.
[2] *Bull. Soc. Géol.*, 3ᵉ sér., VIII, p. 208-209.

de Larche, et je ne puis que regretter la disparition des empreintes qui y avaient été recueillies par M. Dessort et qui auraient, sans doute, fourni de précieux renseignements paléontologiques.

En tout cas, la présence, dans les grès à *Walchia* des environs de Brive, de plusieurs formes spécifiques de *Callipteris* atteste la place relativement élevée qu'ils occupent dans le Permien inférieur et conduit à les assimiler à l'étage de Lebach dans la Sarre. Il est plus difficile d'établir leur correspondance avec les schistes bitumineux des environs d'Autun, les différences de flore qui existent entre l'étage de la Comaille-Chambois ou de Muse et celui de Millery n'étant pas très marquées, et la flore des grès à *Walchia* n'étant, en somme, qu'imparfaitement connue. Le *Call. subauriculata*, reconnu au Gourd-du-Diable, n'a été, il est vrai, trouvé, dans l'Autunois, qu'à Millery; mais on ne peut guère s'appuyer, pour une assimilation de niveau, sur la présence d'une seule espèce. D'autre part, on rencontre dans les grès à *Walchia* de la Corrèze plusieurs des formes les plus habituelles de Bussaco en Portugal, telles que les *Schizopteris* et le *Pec. leptophylla;* or, à Bussaco, les *Callipteris* sont encore fort rares et les espèces houillères tiennent dans la flore une place considérable, ce qui a déterminé M. de Lima à rapporter ces couches au début du Rothliegende [1]. On est ainsi conduit, par cette comparaison avec Bussaco, à ne pas placer les grès à *Walchia* trop haut dans la série, et je suis porté à les assimiler de préférence aux couches de Muse et de la Comaille-Chambois, conformément à ce qu'a admis M. Mouret [2], dont les conclusions sont, en somme, complètement d'accord avec les miennes.

[1] W. de Lima, *Noticia sobre as camadas da serie permo-carbonica do Bussaco*, p. 22-23.
[2] Mouret, *loc. cit.*, p. 171-172.

INDEX ALPHABÉTIQUE

DES ESPÈCES DÉCRITES OU MENTIONNÉES.

————

Les noms écrits en caractères gras sont ceux des espèces figurées,
et les chiffres inscrits entre parenthèses indiquent les numéros des planches et figures qui leur correspondent.

——————

	Pages.		Pages.
Alethopteris Grandini	39	Calamites arborescens	60
Androstachys	53	— cannæformis	61
— frondosus	54	— Cisti	60
Annularia longifolia, var. minor	2	— gigas	62, 66
— microphylla	69	— leioderma (X, 1-3)	60
— minuta	2, 68	— major	59
— reflexa	2	— nodosus	61
— sphenophylloides	68	— Suckowi	58
— spicata (XI, 2-4)	68	— tenuifolius	65
— stellata	67	— undulatus	59
Aphlebia acanthoides	50	— varians	63
— Dessorti (IX, 4)	51	Calamodendron inæquale	116
— elongata	50	Calamophyllites varians (XI, 1)	63
— Germari	49	— — insignis	63
— Goldenbergi	50	Callipteridium gigas	34
— patæræformis	105	— pteridium	33
— rhizomorpha	52	Callipteris conferta (VIII, 1)	34
— sp. (IX, 3)	52	— — var. polymorpha (VIII, 2)	35
Artisia sp	90	— crassinervia	36
Asterophyllites Brardi	2	— Gurretiensis (VIII, 3-4)	36
— Dumasi (XI, 5-8)	64	— diabolica (VIII, 5)	37
— equisetiformis	64	— lyratifolia	9, 38
— grandis	65	— Naumanni	37
— spicata	68	— prælongata	35
Aulacopteris	48	— sinuata	35
Bechera dubia	68	— subauriculata	35
Botryopteris forensis	55	Calymmatotheca Stangeri	7
Brukmannia tuberculata	67	Cardiocarpon Künnsbergi	93

Pages.

Cardiocarpus sclerotesta 91
Carpolithes disciformis. 92
    —   granulatus. 94
    —   socialis. 95
Casuarinites equisetiformis. 64
    —   stellatus. 67
Chondrites trichomanoides. 12
Clathraria Brardii 83
Codonospermum anomalum. 94
Cordaianthus sp. 90
Cordaicarpus congruens. 92
    —   disciformis. 92
    —   ovoideus. 90, 92
    —   punctatus. 92
    —   sclerotesta 91
    —   subreniformis. 91
Cordaites angulosostriatus 88
    —   lingulatus 88
    —   microstachys 89
    —   Ottonis 89
Crossotheca Crepini 23
Cryptomeria Sternbergi. 101
Cyatheites Beyrichi. 29
    —   subauriculatus 35
Daubreeia paterneformis. 105
Dicranophyllum gallicum. 96
Dictyopteris Brongniarti. 47
    —   rubella. 47
    —   Schützei. 48
    —   sp. (IX, 2) 47
Diplotmema Paleaui. 11
    —   Ribeyroni. 12
    —   Zeilleri. 28
Doliostrobus Sternbergi. 101
Dorycordaites affinis 89
    —   Ottonis 89
Equisetites brevidens. 57
    —   lingulatus 57
    —   rugosus. 57
    —   Vaujolyi (XII, 1-4). 56
Equisetum infundibuliforme 66
Estheria minuta. 106
Eremopteris Courtini. 11
    —   crassinervia. 36
    —   sp. (I, 6) 11
Excipulites Neesi. 30
Filicites arborescens. 14
    —   Brardii 39
    —   cyatheus. 14

Pages.

Filicites fœminæformis 25
    —   oreopteridius. 17
    —   pteridius. 33
Flemingites. 87
Fucoides hypnoides. 98
Galium sphenophylloides. 68
Gomphostrobus bifidus (XV, 12). 101
    —   heterophylla. 101
Hexagonocarpus crassus. 94
Huttonia carinata. 66
Jordania moravica. 95
Knorria Selloni. 80
Lepidodendron Gaudryi (XIII, 3-4) 76
    —   Jaraczewskii. 77
    —   laricinum 77
    —   posthumum. 76
    —   Velthcini 76
Lepidophloios Dessorti (XIII, 1-2). 77
    —   laricinus. 77
Lepidophyllum lanceolatum. 81
    —   majus. 81
Lepidostrobus Fischeri. 80
    —   Gaudryi. 80
    —   Geinitzi. 80
Lycopodiolithes filiciformis. 99
    —   piniformis. 97
Macrostachya carinata. 66
    —   infundibuliformis 66
Medullosa 49
Nevropteris conferta. 34
    —   cordata. 45
    —   Delasi (VIII, 6). 45
    —   gleichenioides. 44
    —   lingulata. 42
    —   obliqua. 46
    —   pinnatifida. 22, 31
    —   Qualeni. 43
    —   Raymondi. 46
    —   salicifolia. 46
    —   serrata 40
Odontopteris Brardi (VIII, 7). 39
    —   crenulata. 40
    —   gleichenioides. 44
    —   lanceolata. 41
    —   lingulata. 42
    —   minor. 41, 42
    —   obtusa. 44
    —   obtusiloba. 42
    —   Qualeni (IX, 1). 43

Pages.

Odontopteris Reichiana............... 41
Pecopteris arborescens................ 14
— arguta................ 25
— aspidioides................ 18
Beyrichi (VI, 3)............. 29
Bioti................ 29
Brardiana................ 2
Bredovi (V, 6)........... 21
Candollei (V, 1-4)........... 14
cristata................ 9
cyathea (V, 1-4)........... 14
Daubreei (IV, 1-4)........... 18
densifolia................ 108
dentata................ 26
— var. obscura (II, 1-5)...... 27
elegans................ 25
feminæformis............... 25
— var. diplazioides (VI, 4-6)... 26
fruticosa................ 23
Geinitzi................ 23
gigas................ 34
Grandini................ 39
hemitelioides (III, 1-3)....... 15
integra................ 23
leptophylla (VII, 1-5)......... 31
longifolia................ 24
Mouyi................ 24
oreopteridia (V, 7-9)........ 17
pinnatifida (VI, 1-2)....... 22, 31
Platoni................ 20
polymorpha................ 20
pseudo-Bucklandi (V, 5)...... 21
Schenki................ 118
Schimperiana............ 30, 118
Sterzeli................ 31
unita................ 24
Waugenheimi................ 43
Poacites æqualis................ 2
— striata................ 2
Poacordaites linearis................ 89
— microstachys............... 89
Polypodites elegans................ 25
Rhabdocarpus disciformis............. 92
— Künnsbergi............... 93
ovoideus................ 92
subtunicatus (XV, 11).... 93
tunicatus................ 93
Rotularia oblongifolia................ 70
Samaropsis elongata................ 95

Pages.

Samaropsis granulata (XV, 6-7)........ 94
— moravica (XV, 8-10)........ 95
socialis................ 95
Schizeites dichotomus................ 13
Schizodendron................ 102
speciosum (XV, 5)........ 104
— tuberculatum (XV, 4)..... 105
Schizopteris dichotoma (I, 7)............. 13
— lactuca................ 49
pinnata................ 53
trichomanoides (I, 8)........ 12
Sigillaria approximata (XIV, 2-3)........ 85
Brardi (XIV, 1)............. 83, 86
— var. transversa........ 85
lepidodendrifolia............... 82
Moureti (XIV, 4)........ 82
spinulosa................ 83
sp................ 81
Sigillariostrobus bifidus................ 101
strictus................ 86
Sphenophyllum angustifolium............. 73
cuneifolium................ 71
— var. saxifragæfolium....... 71
oblongifolium (XIV, 5-6)..... 70
quadrifidum............... 7, 70
Schlotheimi................ 74
Stoukenbergii................ 75
tenuifolium (XII, 5-6)....... 73
Thoni (XII, 7-10)........ 74
verticillatum................ 74
Sphenopteris Brardi................ 2
crassinervia................ 36
cristata................ 9, 33
Dechoni (I, 1)................ 10
Decorpsi................ 30
Gützoldi................ 6
Hœninghausi................ 7
— stangeriformis... 7
integra................ 23
Matheti................ 6
Moureti (I, 2-4)........ 6
Naumanni................ 37
sp. (I, 5)................ 9
Squamæ (XV, 13)................ 90
Stigmaria ficoides................ 87
Tæniopteris jejunata................ 48
multinervis............ 108, 120
Trigonocarpus postcarbonicus............. 94
— sp................ 93

	Pages.
Tylodendron saxonicum	102
— speciosum	102, 104
Variolaria ficoides	87
Volkmannia crosa	2
Voltzia heterophylla	103
Walchia filiciformis (XV, 3)	99
— flaccida	98

	Pages.
Walchia hypnoides	98
— imbricata	97
— piniformis (XV, 1)	97
— sp. (XV, 2)	100
Zygopteris cornuta (IX, 5-6)	53
— frondosa	53
— pinnata	53, 54

TABLE DES MATIÈRES.

	Pages.
Introduction	1
Fossiles végétaux	6
Fougères	6
Genre *Sphenopteris*. Brongniart	6
Genre *Eremopteris*. Schimper	11
Genre *Diplotmema*. Stur	11
Genre *Schizopteris*. Brongniart	12
Genre *Pecopteris*. Brongniart	14
Genre *Callipteridium*. Weiss	33
Genre *Callipteris*. Brongniart	34
Genre *Alethopteris*. Sternberg	39
Genre *Odontopteris*. Brongniart	39
Genre *Nevropteris*. Brongniart	45
Genre *Dictyopteris*. Gutbier	47
Genre *Tæniopteris*. Brongniart	48
Genre *Aulacopteris*. Grand'Eury	48
Genre *Aphlebia*. Presl	49
Genre *Zygopteris*. Corda	53
Equisétinées	56
Genre *Equisetites*. Sternberg	56
Genre *Calamites*. Schlotheim	58
Genre *Calamophyllites*. Grand'Eury	63
Genre *Asterophyllites*. Brongniart	64
Genre *Macrostachya*. Schimper	66
Genre *Annularia*. Sternberg	67
Sphénophyllées	70
Genre *Sphenophyllum*. Brongniart	70
Lycopodinées	76
Genre *Lepidodendron*. Sternberg	76
Genre *Lepidophloios*. Sternberg	77
Genre *Knorria*. Sternberg	80
Genre *Lepidostrobus*. Brongniart	80

Pages.

Genre *Lepidophyllum*. Brongniart...................................... 81
Genre *Sigillaria*. Brongniart... 81
Genre *Sigillariostrobus*. Schimper.................................... 86
Genre *Stigmaria*. Brongniart.. 87

Cordaïtées.. 87
Genre *Cordaites*. Unger.. 88
Genre *Dorycordaites*. Grand'Eury..................................... 89
Genre *Poacordaites*. Grand'Eury...................................... 89
Genre *Artisia*. Sternberg.. 89
Genre *Cordaianthus*. Grand'Eury...................................... 90

Graines diverses.. 91
Genre *Cordaicarpus*. Geinitz... 91
Genre *Rhabdocarpus*. Gœppert et Berger............................... 93
Genre *Trigonocarpus*. Brongniart..................................... 93
Genre *Hexagonocarpus*. Renault....................................... 94
Genre *Codonospermum*. Brongniart..................................... 94
Genre *Samaropsis*. Gœppert... 94

Conifères.. 96
Genre *Dicranophyllum*. Grand'Eury.................................... 96
Genre *Walchia*. Sternberg.. 97
Genre *Gomphostrobus*. Marion... 101
Genre *Schizodendron*. Eichwald....................................... 102

Végétaux d'affinités problématiques.............................. 105
Genre *Daubreeia*. Renault et Zeiller................................. 105

Fossiles animaux... 106

Examen de la flore au point de vue géologique........................ 107
Tableau récapitulatif des espèces observées.......................... 113
Bassin d'Argentat.. 116
Bassin de Terrasson.. 116
Bassin de Chabrignac... 119
Affleurements de la Chapelle-aux-Brots............................... 120
Recherches des Parjadis.. 120
Puits de Larche.. 121
Grès de la Cabane.. 122
Châtres.. 123
Division du Permo-houiller de la région de Brive en deux étages...... 123
Grès à *Walchia*... 125

Index alphabétique des espèces décrites ou mentionnées............... 127

PLANCHE I.

18
IMPRIMERIE NATIONALE.

PLANCHE I.

EXPLICATION DES FIGURES.

FIG. 1. — **Sphenopteris Decheni.** WEISS. — Fragment de fronde.
Puits de Larche, niveau de 206 mètres.

FIG. 1 A, 1 B. — Pinnules du même échantillon, grossies quatre fois.

FIG. 2. — **Sphenopteris Moureti.** ZEILLER. n. sp. — Fragment de fronde.
Carrière du Gourd-du-Diable, près Brive (Grès à *Walchia*).

FIG. 3. — **Sphenopteris Moureti.** ZEILLER. n. sp. — Fragment d'une penne primaire.
Carrière du Gourd-du-Diable.

FIG. 3 A. — Portion du même échantillon, grossie trois fois.

FIG. 4. — **Sphenopteris Moureti.** ZEILLER. n. sp. — Fragments de pennes primaires.
Carrière du Gourd-du-Diable.

FIG. 5. — **Sphenopteris (?) sp.** — Fragment de penne.
Carrière de la Cave, près Larche (Grès à *Walchia*).

FIG. 5 A. — Portion du même échantillon, grossie trois fois.

FIG. 6. — **Eremopteris (?) sp.** — Fragments de pennes.
Recherches des Parjadis, troisième couche.

FIG. 6 A. — Portion du même échantillon, grossie trois fois.

FIG. 7. — **Schizopteris dichotoma.** GÜMBEL. (sp.). — Groupe de frondes.
Carrière du Gourd-du-Diable.

FIG. 8. — **Schizopteris trichomanoides.** GOEPPERT. — Groupe de frondes.
Carrière du Gourd-du-Diable.

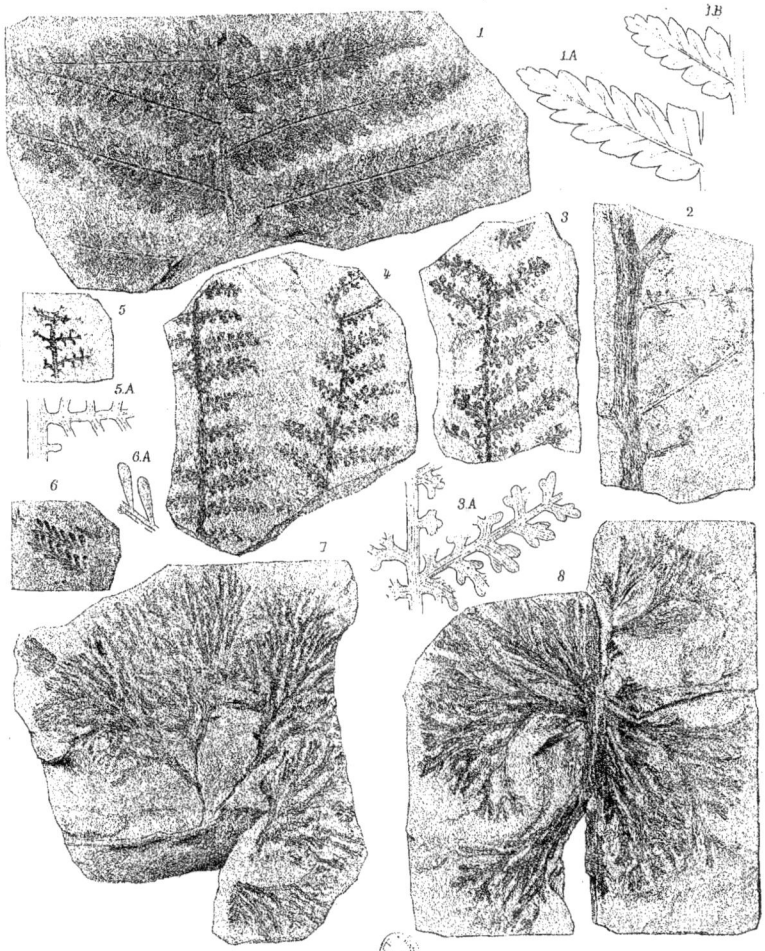

Pl. 1.

Dessiné d'ap.nat.et lith.par C Cuisin

Imp.Lemercier & Cie Paris

PLANCHE II.

PLANCHE II.

EXPLICATION DES FIGURES.

Fig. 1. — **Pecopteris (Dactylotheca) dentata.** Brongniart, var. *obscura*. — Fragment de fronde.
   Puits de Larche, niveau de 206 mètres.

Fig. 2. — **Pecopteris (Dactylotheca) dentata.** Brongniart, var. *obscura*. — Fragment d'une fronde fertile.
   Puits de Larche, niveau de 206 mètres.

Fig. 2 A. — Portion de penne du même échantillon, grossie cinq fois.

Fig. 2 B. — Groupe de sporanges du même échantillon, grossi dix-sept fois.

Fig. 2 C. — Sporange du même échantillon, grossi trente-cinq fois.

Fig. 3. — **Pecopteris (Dactylotheca) dentata.** Brongniart, var. *obscura*. — Contre-empreinte de la face supérieure d'une fronde, montrant les *Aphlebia* fixés sur la face supérieure du rachis principal.
   Puits de Larche, niveau de 206 mètres.

Fig. 4. — Portion de l'empreinte du même fragment de fronde, montrant les *Aphlebia* fixés sur la face inférieure du rachis principal.

Fig. 4 A. — Portion de penne du même échantillon, grossie trois fois.

Fig. 5. — **Pecopteris (Dactylotheca) dentata.** Brongniart, var. *obscura*. — Extrémité d'une penne primaire.
   Puits de Larche, niveau de 206 mètres.

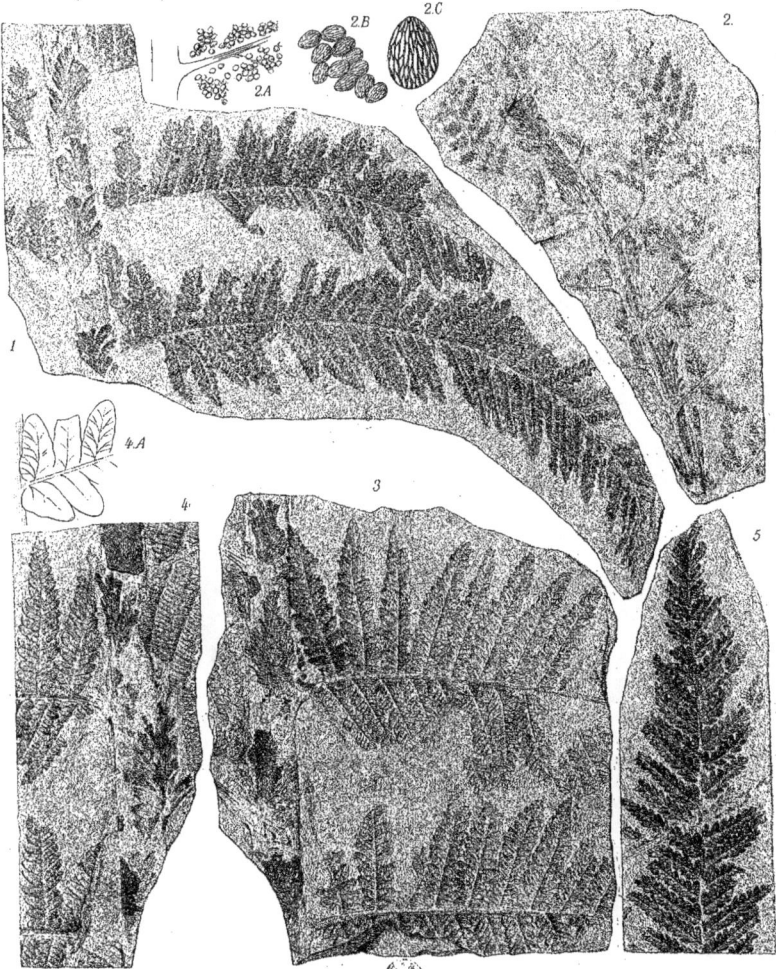

2.A 2.B 2.C

1 2 3 4 4.A 5

Dessiné d'ap.nat.et.lith.par C.Cuisin.

Imp.Lemercier & Cie Paris.

PLANCHE III.

PLANCHE III.

EXPLICATION DES FIGURES.

Fig. 1. — **Pecopteris (Asterotheca) hemitelioides.** Brongniart. — Portion d'une grande plaque portant l'empreinte de trois pennes primaires consécutives, fertiles sur la plus grande partie de leur étendue, et dont une seule a pu être ici partiellement figurée.

Puits de Larche, niveau de 206 mètres.

Fig. 1 A. — Pinnule fertile du même échantillon, grossie trois fois.

Fig. 1 B. — Pinnule stérile du même échantillon, grossie trois fois.

Fig. 2. — **Pecopteris (Asterotheca) hemitelioides.** Brongniart. — Fragment de penne primaire.

Puits de Larche, niveau de 206 mètres.

Fig. 2 A. — Pinnule du même échantillon, grossie trois fois.

Fig. 3. — **Pecopteris (Asterotheca) hemitelioides.** Brongniart. — Fragments de pennes secondaires, l'une stérile, l'autre fertile.

Saint-Étienne (Loire).

Fig. 3 A. — Pinnule fertile du même échantillon, grossie trois fois.

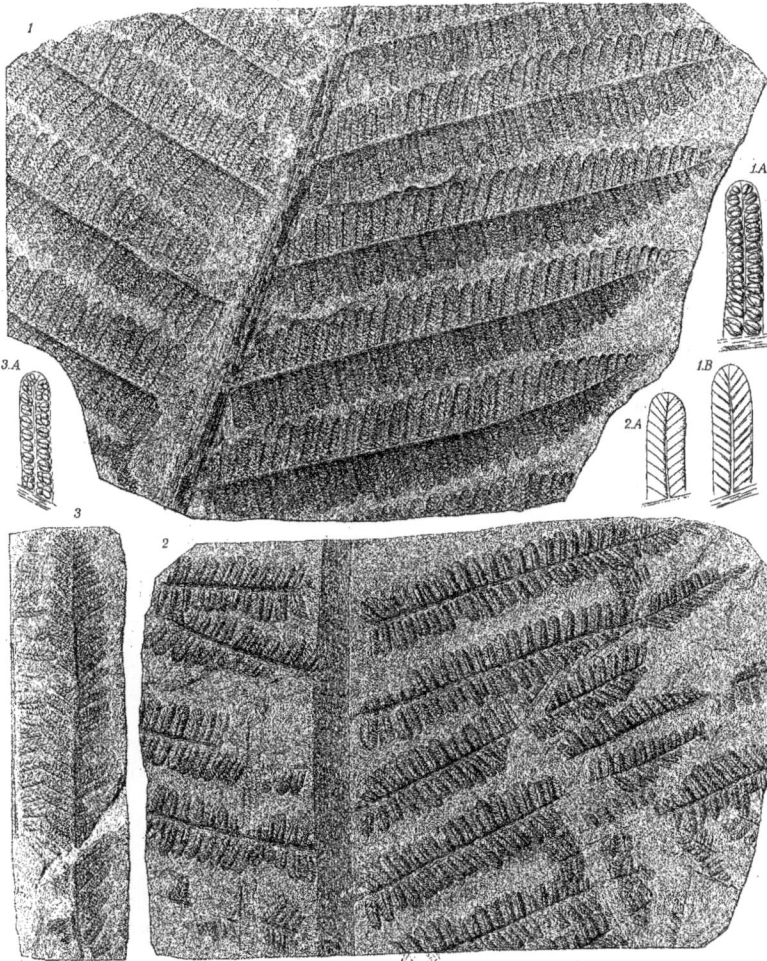

Dessiné d'ap.nat.et lith.par C. Cuisin

Imp Lemercier & Cie Paris.

PLANCHE IV.

PLANCHE IV.

EXPLICATION DES FIGURES.

FIG. 1. — **Pecopteris (Asterotheca) Daubreei.** ZEILLER. — Portion d'une grande plaque portant l'empreinte d'un fragment de fronde comprenant plusieurs pennes primaires encore attachées sur le rachis principal.

Puits de Larche, niveau de 206 mètres.

FIG. 1 A, 1 B. — Pinnules du même échantillon, grossies trois fois.

FIG. 2. — **Pecopteris (Asterotheca) Daubreei.** ZEILLER. — Fragments de pennes fertiles vues en dessus.

Mine de Cublac.

FIG. 3. — **Pecopteris (Asterotheca) Daubreei.** ZEILLER. — Fragments de pennes fertiles, l'une vue en dessus, l'autre vue en dessous.

Mine de Cublac.

FIG. 3 A. — Portion de penne du même échantillon, grossie trois fois.

FIG. 4. — **Pecopteris (Asterotheca) Daubreei.** — Fragment de penne stérile.

Mine de Cublac.

Dessiné d'ap.nat.et lith.par C.Cuisin.

Imp.Lemercier & Cie, Paris.

PLANCHE V.

PLANCHE V.

EXPLICATION DES FIGURES.

Fig. 1. — **Pecopteris (Asterotheca) Candollei.** Brongniart. — Fragment de penne stérile.
Argilites de Peyrignac.

Fig. 1 A. — Pinnule du même échantillon, grossie trois fois.

Fig. 2. — **Pecopteris (Asterotheca) Candollei.** Brongniart. — Fragment de penne, fertile
sur la plus grande partie de son étendue.
Argilites de Peyrignac.

Fig. 2 A. — Pinnule du même échantillon, grossie trois fois.

Fig. 3 et 4. — **Pecopteris (Asterotheca) Candollei.** Brongniart. — Fragments de pennes
fertiles.
Argilites de Peyrignac.

Fig. 5. — **Pecopteris pseudo-Bucklandi.** Andræ. — Portion supérieure d'une penne primaire.
La Chapelle-aux-Brots.

Fig. 5 A, 5 B. — Pinnules du même échantillon, grossies trois fois.

Fig. 6. — **Pecopteris Bredovi.** Germar. — Fragment de penne.
La Chapelle-aux-Brots.

Fig. 6 A. — Portion du même échantillon, grossie trois fois.

Fig. 7. — **Pecopteris (Asterotheca) oreopteridia.** Schlotheim (sp.). — Fragment d'une
penne primaire voisine du sommet de la fronde.
La Chapelle-aux-Brots.

Fig. 8. — **Pecopteris (Asterotheca) oreopteridia.** Schlotheim (sp.). — Extrémité d'une
fronde, ou d'une penne primaire appartenant à la région inférieure ou moyenne de
la fronde.
La Chapelle-aux-Brots.

Fig. 8 A. — Pinnule du même échantillon, grossie trois fois.

Fig. 9. — **Pecopteris (Asterotheca) oreopteridia.** Schlotheim (sp.). — Fragment d'une
penne fertile, sauf à son sommet, vue en dessus.
La Chapelle-aux-Brots.

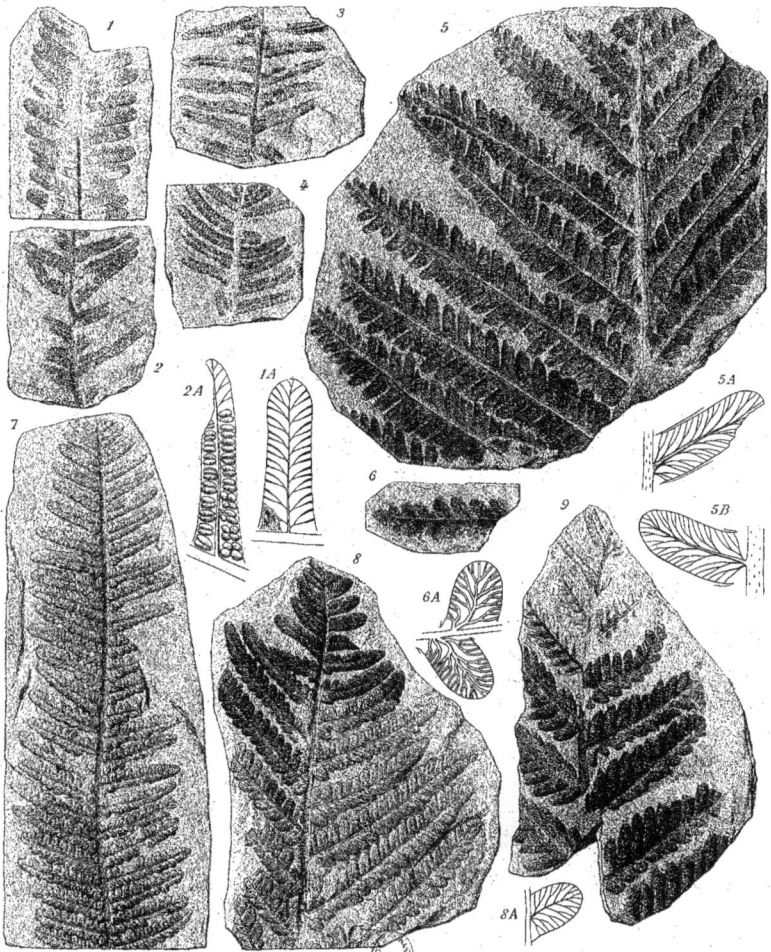

Dessiné d'ap.nat.et lith.par Cuisin   Imp Lemercier,Paris

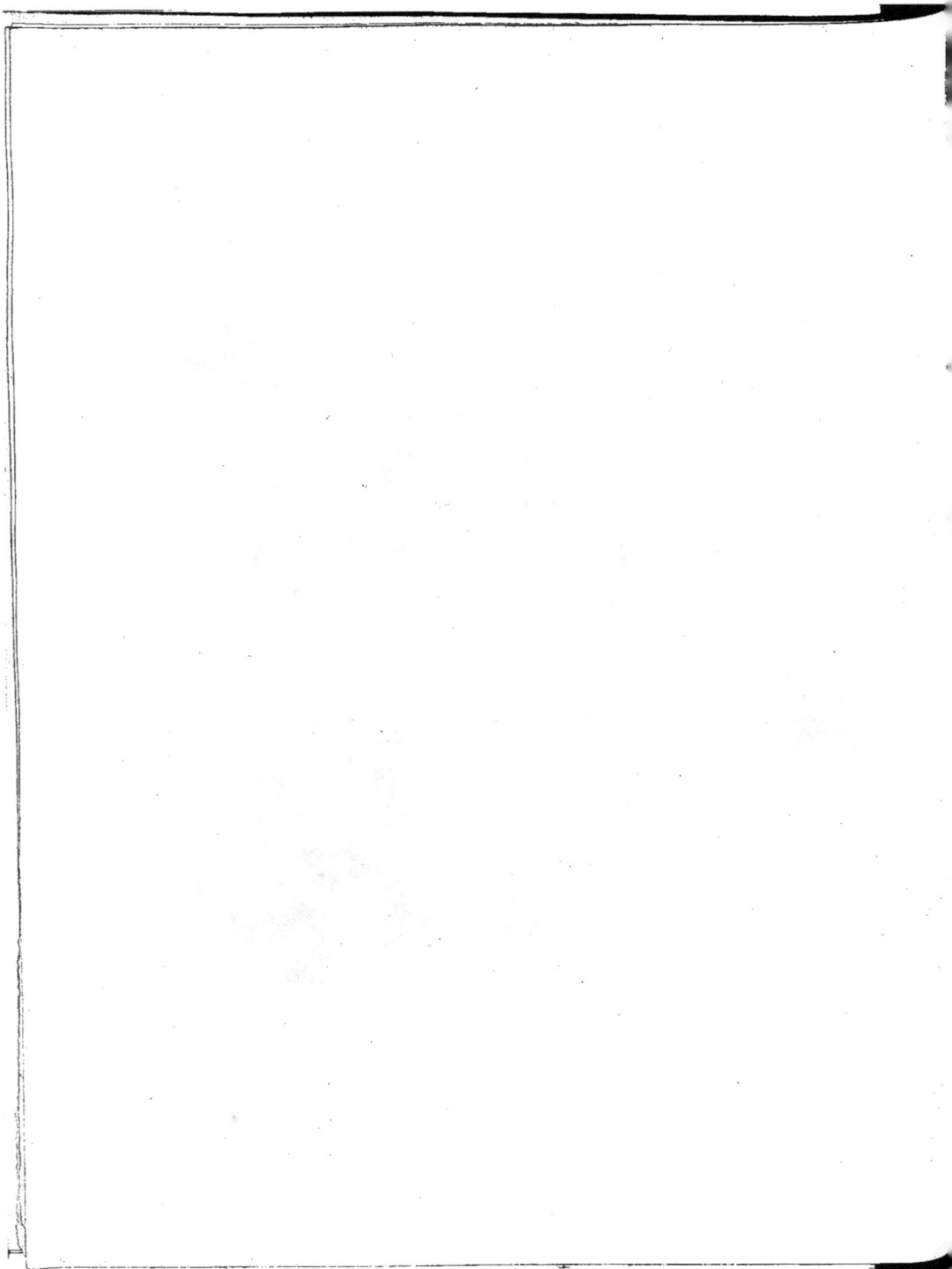

PLANCHE VI.

PLANCHE VI.

EXPLICATION DES FIGURES.

Fig. 1. — **Pecopteris pinnatiflda.** Gutbier (sp.). — Fragment de fronde.
Puits de Larche, niveau de 206 mètres.

Fig. 1 A. — Pinnules du même échantillon, grossies trois fois.

Fig. 2. — **Pecopteris pinnatiflda.** Gutbier (sp.). — Extrémité d'une penne présentant à la
partie inférieure un groupe de fructifications.
Carrière de la Cave (Grès à *Walchia*).

Fig. 3. — **Pecopteris Beyrichi.** Weiss (sp.). — Fragment d'une penne primaire appartenant
à la région inférieure ou moyenne de la fronde.
Argilites de Peyrignac.

Fig. 3 A à 3 D. — Portions de pennes du même échantillon, prises successivement en s'éloignant
du sommet, grossies trois fois.

Fig. 4. — **Pecopteris feminæformis.** Schlotheim (sp.), forme *diplazioides* (*Pecopteris elegans*.
Germar). — Fragment de penne.
Wettin. (Collections du Muséum de Paris, n° 2631.)

Fig. 4 A. — Pinnules du même échantillon, grossies trois fois.

Fig. 5. — **Pecopteris feminæformis.** Schlotheim (sp.), forme *diplazioides*. — Fragment de
penne.
Puits de Larche, niveau de 430 mètres.

Fig. 5 A. — Pinnules du même échantillon, grossies trois fois.

Fig. 6. — **Pecopteris feminæformis.** Schlotheim (sp.), forme *diplazioides*. — Fragment de
penne.
Puits de Larche, niveau de 206 mètres.

Fig. 6 A. — Pinnules du même échantillon, grossies trois fois.

Imp.Lemercier,Paris.

PLANCHE VII.

PLANCHE VII.

EXPLICATION DES FIGURES.

FIG. 1. — **Pecopteris leptophylla.** BUNBURY. — Fragment d'une penne primaire appartenant à la région supérieure ou moyenne de la fronde.
Carrière du Gourd-du-Diable (Grès à *Walchia*).

FIG. 2. — **Pecopteris leptophylla.** BUNBURY. — Extrémité d'une penne primaire appartenant à la région supérieure ou moyenne de la fronde.
Carrière du Gourd-du-Diable.

FIG. 3. — **Pecopteris leptophylla.** BUNBURY. — Fragment d'une penne primaire appartenant probablement à la région moyenne de la fronde.
Carrière du Gourd-du-Diable.

FIG. 3 A. — Pinnule d'une des pennes supérieures du même échantillon, grossie deux fois.

FIG. 3 B. — Pinnule d'une des pennes inférieures du même échantillon, grossie deux fois.

FIG. 4. — **Pecopteris leptophylla.** BUNBURY. — Fragment d'une penne secondaire appartenant à la région inférieure de la fronde.
Carrière du Gourd-du-Diable.

FIG. 5. — **Pecopteris leptophylla.** BUNBURY. — Fragment d'une penne primaire appartenant la région inférieure de la fronde.
Carrière du Gourd-du-Diable.

FIG. 5 A. — Segment du même échantillon, grossi deux fois.

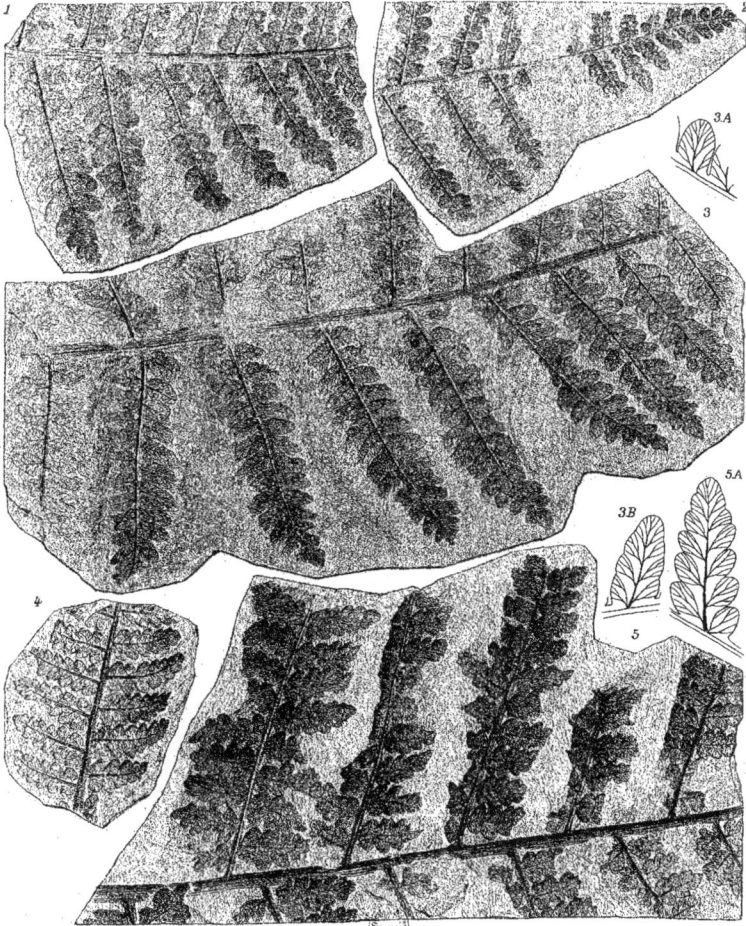

Dessiné d'ap. nat. et lith. par C. Cuisin.

Imp. Lemercier & Cⁱᵉ Paris

PLANCHE VIII.

PLANCHE VIII.

EXPLICATION DES FIGURES.

Fig. 1. — **Callipteris conferta.** Sternberg (sp.). — Fragment de fronde, pris dans la région supérieure.
Puits de Larche, niveau de 206 mètres.

Fig. 2. — **Callipteris conferta.** Sternberg (sp.), var *polymorpha.* — Fragment de fronde, comprenant quatre pennes primaires consécutives.
Puits de Larche, niveau de 206 mètres.

Fig. 3. — **Callipteris Curretiensis.** Zeiller. n. sp. — Fragment de fronde.
Carrière du Gourd-du-Diable (Grès à *Walchia*).

Fig. 4. — **Callipteris Curretiensis.** Zeiller. n. sp. — Fragment d'une penne primaire.
Carrière du Gourd-du-Diable.

Fig. 4 A, 4 B. — Pinnules du même échantillon, grossies trois fois.

Fig. 5. — **Callipteris diabolica.** Zeiller. n. sp. — Fragment de fronde.
Carrière du Gourd-du-Diable.

Fig. 5 A. — Portion du même échantillon, grossie trois fois.

Fig. 6. — **Nevropteris (?) Delasi.** Zeiller. n. sp. — Pinnule détachée.
Argilites de Peyrignac.

Fig. 6 A. — Portion inférieure de la même pinnule, grossie trois fois.

Fig. 7. — **Odontopteris Brardi.** Brongniart. — Fragments de pennes.
Puits de Larche, niveau de 206 mètres.

Dessiné d'ap.nat.et lith.par E. Cuisin   Imp.Lemercier.Paris.

PLANCHE IX.

IMPRIMERIE NATIONALE.

PLANCHE IX.

EXPLICATION DES FIGURES.

Fig. 1. — **Odontopteris Qualeni.** Weiss (sp.). — Fragments de pennes.
Puits de Larche, niveau de 206 mètres.

Fig. 1 A à 1 C. — Portions du même échantillon, grossies trois fois.

Fig. 2. — **Dictyopteris** sp. — Pinnule détachée.
Puits Sautet, près de la Combe-Ségerard.

Fig. 2 A. — La même pinnule, grossie trois fois.

Fig. 3. — **Aphlebia** (?) sp. — Fragment de penne.
Carrière du Gourd-du-Diable (Grès à *Walchia*).

Fig. 4. — **Aphlebia Dessorti.** Zeiller. n. sp. — Empreinte d'une série de pennes attachées sur un même rachis.
Puits de Larche, niveau de 206 mètres.

Fig. 5. — **Zygopteris cornuta.** Zeiller. n. sp. — Empreinte d'un fragment d'une fronde fertile pliée en deux le long du rachis et montrant les pennes d'un des côtés du rachis.
Puits de Larche, niveau de 206 mètres.

Fig. 5 A. — Portion stérile d'une penne du même échantillon, grossie trois fois.

Fig. 6. — Le même échantillon, retourné, montrant les pennes de l'autre côté du rachis.

Fig. 6 A. — Groupe de sporanges de l'échantillon (fig. 6), grossi trois fois.

Fig. 6 B. — Sporange du même échantillon, grossi quinze fois.

Imp.Lemercier, Paris.

PLANCHE X.

20.

PLANCHE X.

EXPLICATION DES FIGURES.

FIG. 1. — **Calamites leioderma.** GUTBIER. — Fragment de tige montrant à chaque articulation les naissances d'appendices probablement radiculaires.
Puits de Larche, niveau de 206 mètres.

FIG. 2. — **Calamites leioderma.** GUTBIER. — Fragment de tige présentant des cicatrices raméales.
Puits de Larche, niveau de 206 mètres.

FIG. 3. — **Calamites leioderma.** GUTBIER. — Fragment de tige présentant des cicatrices raméales, et peut-être des cicatrices d'épis fructificateurs.
Puits de Larche, niveau de 206 mètres.

PLANCHE XI.

PLANCHE XI.

EXPLICATION DES FIGURES.

Fɪɢ. 1. — **Calamophyllites varians.** Sᴛᴇʀɴʙᴇʀɢ (sp.). — Fragment d'une vieille tige. On remarque, au-dessus de l'articulation inférieure, vers la gauche, une portion d'une grande feuille de *Sphenophyllum Thoni*, appliquée accidentellement sur l'écorce.
Puits de Larche, niveau de 206 mètres.

Fɪɢ. 2. — **Annularia spicata.** Gᴜᴛʙɪᴇʀ (sp.) (*Ann. minuta.* Brongniart). — Fragment de rameau et ramules feuillés.
Mines de Terrasson. (Collections du Muséum de Paris, n° 3390.)

Fɪɢ. 3. — **Annularia spicata.** Gᴜᴛʙɪᴇʀ (sp.) (*Ann. minuta.* Brongniart). — Fragments de rameaux et ramules feuillés.
La Combe-de-Souillac, près Terrasson. (Collections du Muséum, n° 3389.)

Fɪɢ. 4. — **Annularia spicata.** Gᴜᴛʙɪᴇʀ (sp.). — Fragment de tige ou de rameau primaire portant des rameaux et ramules feuillés.
Coulandon (Allier).

Fɪɢ. 5. — **Asterophyllites Dumasi.** Zᴇɪʟʟᴇʀ. n. sp. — Fragment de tige ou de rameau primaire, et ramules feuillés.
Carrière du Gourd-du-Diable (Grès à *Walchia*).

Fɪɢ. 5 A. — Portion d'un ramule du même échantillon, grossie trois fois.

Fɪɢ. 6. — **Asterophyllites Dumasi.** Zᴇɪʟʟᴇʀ. n. sp. — Fragment de tige ou de rameau primaire avec épis de fructification.
Carrière du Gourd-du-Diable.

Fɪɢ. 7. — **Asterophyllites Dumasi.** Zᴇɪʟʟᴇʀ. n. sp. — Fragments d'épis de fructification.
Carrière du Gourd-du-Diable.

Fɪɢ. 7 A. — Portion d'un des épis du même échantillon, grossie trois fois.

Fɪɢ. 8. — **Asterophyllites Dumasi.** Zᴇɪʟʟᴇʀ. n. sp. — Épi de fructification.
Carrière d'Objat (Grès à *Walchia*).

PLANCHE XII.

PLANCHE XII.

EXPLICATION DES FIGURES.

FIG. 1. — **Equisetites Vaujolyi.** ZEILLER. n. sp. — Fragment de gaine.
Coulandon (Allier).

FIG. 2. — **Equisetites Vaujolyi.** ZEILLER. n. sp. — Fragment de gaine.
Coulandon (Allier).

FIG. 3. — **Equisetites Vaujolyi.** ZEILLER. n. sp. — Fragment de gaine.
Coulandon (Allier).

FIG. 4. — **Equisetites cf. Vaujolyi.** ZEILLER. — Fragment de gaine.
Argilites de Peyrignac.

FIG. 5. — **Sphenophyllum tenuifolium.** FONTAINE et WHITE. — Fragment de rameau.
Puits de Larche, niveau de 206 mètres.

FIG. 5 A. — Feuille du même échantillon, grossie trois fois.

FIG. 6. — **Sphenophyllum tenuifolium.** FONTAINE et WHITE. — Fragments de rameaux.
Puits de Larche, niveau de 206 mètres.

FIG. 7. — **Sphenophyllum Thoni.** MAHR. — Fragments de rameaux portant, les uns de
grandes feuilles à bord frangé, les autres des feuilles plus petites à bord entier.
Puits de Larche, niveau de 206 mètres.

FIG. 8. — **Sphenophyllum Thoni.** MAHR. — Fragment de rameau.
Carrière du Gourd-du-Diable (Grès à *Walchia*).

FIG. 9. — **Sphenophyllum Thoni.** MAHR. — Verticilles de feuilles.
Carrière du Gourd-du-Diable.

FIG. 10. — **Sphenophyllum Thoni.** MAHR. — Fragment d'un verticille de feuilles.
Carrière du Gourd-du-Diable.

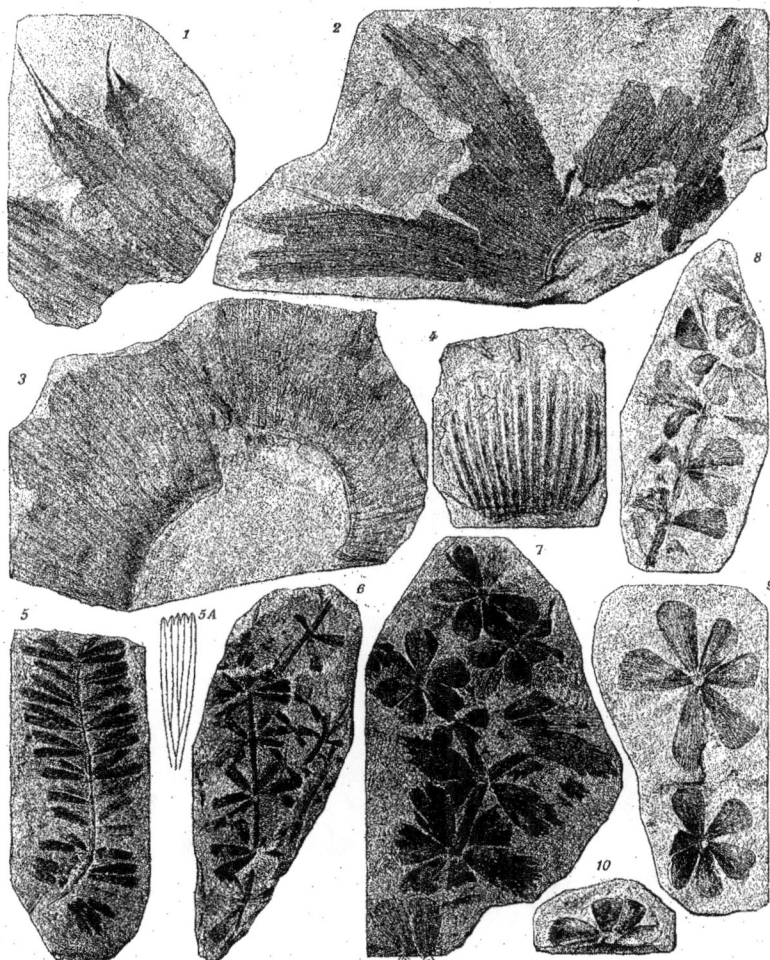

Dessiné d'ap.nat.et lith.par C.Cuisin.

Imp. Lemercier, Paris.

PLANCHE XIII.

IMPRIMERIE NATIONALE.

PLANCHE XIII.

EXPLICATION DES FIGURES.

Fɪɢ. 1. — **Lepidophloios Dessorti**. Zᴇɪʟʟᴇʀ. n. sp. — Empreinte d'un fragment de tige montrant à la partie supérieure (teintée en gris clair) l'empreinte de la surface externe des mamelons foliaires avec leurs cicatrices, et à la partie inférieure (teintée en gris plus foncé) l'empreinte de la base des mêmes mamelons.
Puits de Larche, niveau de 206 mètres.

Fɪɢ. 1 A. — Empreinte de la surface externe de deux mamelons foliaires, grossie deux fois.

Fɪɢ. 1 B. — Empreinte d'une base de feuille encore attachée à la cicatrice foliaire, grossie deux fois.

Fɪɢ. 1 C. — Empreinte de la surface externe d'un mamelon foliaire et de la moitié supérieure de sa base d'attache sur la tige, grossie deux fois.

Fɪɢ. 1 D. — Empreinte de la base d'attache d'un mamelon foliaire, masquant l'empreinte de la surface externe, sauf dans la portion hachurée; le contour de la partie saillante du mamelon est indiqué en pointillé. Grossie deux fois.

Fɪɢ. 2. — **Lepidophloios Dessorti**. Zᴇɪʟʟᴇʀ. n. sp. — Empreinte d'un fragment de tige montrant seulement les bases des mamelons foliaires, sauf en un point où une cicatrice foliaire a été dégagée au burin.
Puits de Larche, niveau de 206 mètres.

Fɪɢ. 3. — **Lepidodendron Gaudryi**. Rᴇɴᴀᴜʟᴛ. — Empreinte d'un fragment de tige.
Puits de Larche, niveau de 206 mètres.

Fɪɢ. 3 A. — Cicatrice foliaire avec une partie du mamelon, prise sur le même échantillon et grossie deux fois.

Fɪɢ. 4. — **Lepidodendron Gaudryi**. Rᴇɴᴀᴜʟᴛ. — Empreinte d'un fragment d'une tige crevassée longitudinalement.
Puits de Larche, niveau de 206 mètres.

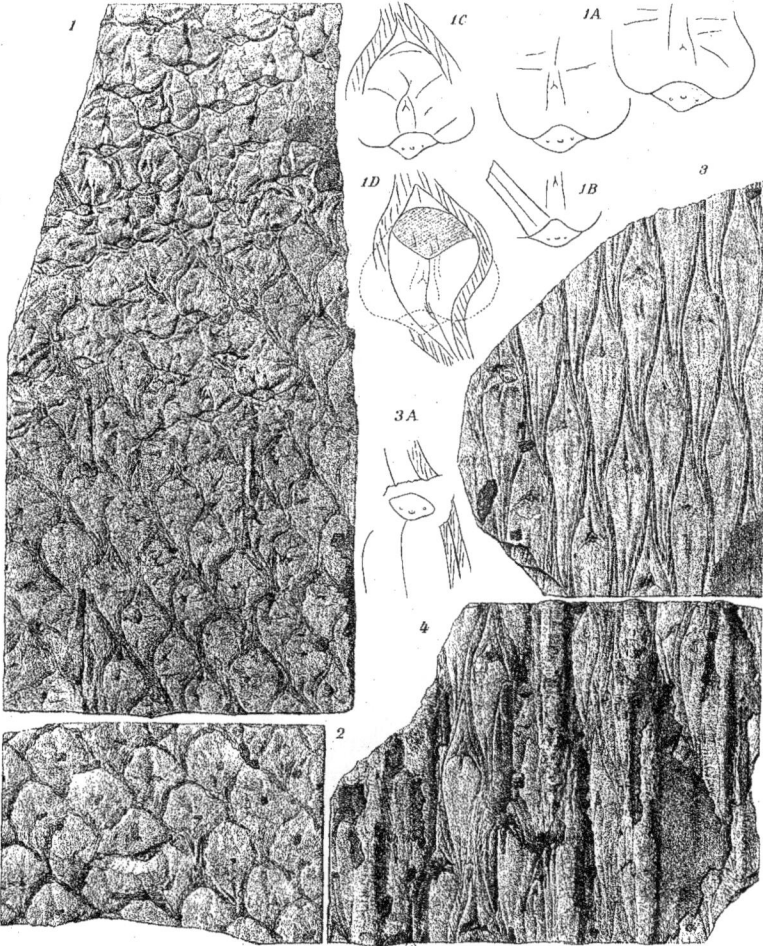

Dessiné d'ap.nat.et lith par C.Cuisin.

Imp.Lemercier,Paris.

PLANCHE XIV.

PLANCHE XIV.

EXPLICATION DES FIGURES.

Fig. 1. — **Sigillaria Brardi.** Brongniart. — Empreinte d'un fragment de tige montrant le passage graduel de la forme typique à la forme *spinulosa*.
Mine du Lardin.

Fig. 2. — **Sigillaria approximata.** Fontaine et White. — Empreinte d'un fragment de tige, montrant deux séries de cicatrices correspondant à des épis de fructification.
Puits de Larche, niveau de 206 mètres.

Fig. 2 A. — Moulage en relief d'une portion du même échantillon, grossi deux fois.

Fig. 3. — **Sigillaria approximata.** Fontaine et White. — Empreinte d'un fragment de tige, portant à sa partie supérieure des cicatrices d'épis.
Puits de Larche, niveau de 206 mètres.

Fig. 4. — **Sigillaria Moureti.** Zeiller. — Empreinte d'un fragment de tige.
Mine de Cublac.

Fig. 5. — **Sphenophyllum oblongifolium.** Germar et Kaulfuss (sp.) (*Sphen. quadrifidum.* Brongniart). —Verticille de feuilles dépendant d'un rameau, et portions de ramules.
Mines de Terrasson. (Collections du Muséum de Paris, n° 3539.)

Fig. 6. — **Sphenophyllum oblongifolium.** Germar et Kaulfuss (sp.). — Portion d'un verticille de feuilles, et fragment de ramule.
Mine du Lardin.

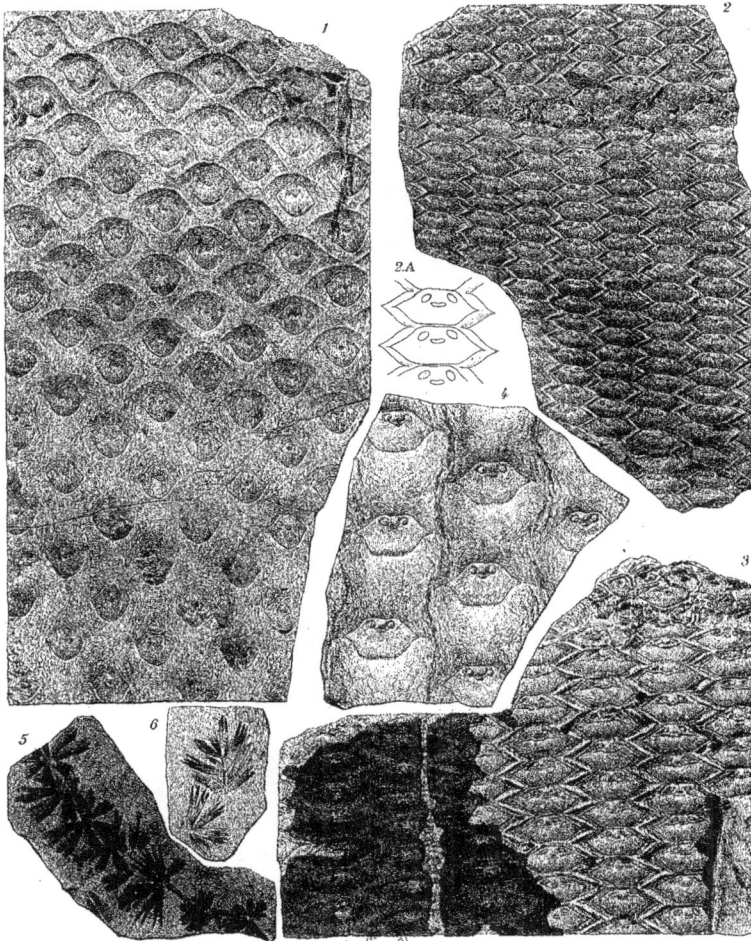

Dessiné d'ap.nat. et lith. par C.Cuisin   Imp.Lemercier,Paris.

PLANCHE XV.

PLANCHE XV.

EXPLICATION DES FIGURES.

Fɪɢ. 1. — **Walchia piniformis**. Sᴄʜʟᴏᴛʜᴇɪᴍ (sp.). — Fragment de rameau.
Mine du Lardin.

Fɪɢ. 2. — **Walchia sp.** — Strobile détaché.
Le Soleilhot (Grès à *Walchia*).

Fɪɢ. 3. — **Walchia filiciformis**. Sᴄʜʟᴏᴛʜᴇɪᴍ (sp.). — Strobile femelle encore attaché à l'extrémité d'un rameau.
Carrière d'Objat (Grès à *Walchia*).

Fɪɢ. 3 A. — Portion du même échantillon, grossie deux fois.

Fɪɢ. 4. — **Schizodendron tuberculatum**. Eɪᴄʜᴡᴀʟᴅ. — Fragment d'un moule d'étui médullaire.
Carrière du Gourd-du-Diable (Grès à *Walchia*).

Fɪɢ. 5. — **Schizodendron speciosum**. Wᴇɪss (sp.). — Fragment d'un moule d'étui médullaire.
Grès rouges supérieurs de la gare de Brive.

Fɪɢ. 6. — **Samaropsis granulata**. Gʀᴀɴᴅ'Eᴜʀʏ (sp.). — Graine détachée.
Argilites de Peyrignac.

Fɪɢ. 6 A. — Le même échantillon, grossi trois fois.

Fɪɢ. 7. — **Samaropsis granulata**. Gʀᴀɴᴅ'Eᴜʀʏ (sp.). — Graines détachées.
Argilites de Peyrignac.

Fɪɢ. 8. — **Samaropsis moravica**. Hᴇʟᴍʜᴀᴄᴋᴇʀ (sp.). — Graines accidentellement dépouillées de leur aile membraneuse.
Argilites de Peyrignac.

Fɪɢ. 8 A. — Une des graines du même échantillon, grossie deux fois.

Fɪɢ. 9. — **Samaropsis moravica**. Hᴇʟᴍʜᴀᴄᴋᴇʀ (sp.). — Graine détachée.
Argilites de Peyrignac.

Fɪɢ. 9 A. — Le même échantillon, grossi deux fois.

Fɪɢ. 10. — **Samaropsis moravica**. Hᴇʟᴍʜᴀᴄᴋᴇʀ (sp.). — Graine détachée.
Permien inférieur de Zbejsov (Moravie).

Fɪɢ. 11. — **Rhabdocarpus subtunicatus**. Gʀᴀɴᴅ'Eᴜʀʏ. — Empreinte d'une graine.
Argilites de Peyrignac.

Fɪɢ. 12. — **Gomphostrobus bifidus**. E. Gᴇɪɴɪᴛᴢ (sp.). — Écaille détachée.
Chemin de la ferme Morel, près Lanteuil (Grès à *Walchia*).

Fɪɢ. 12 A. — Le même échantillon, grossi deux fois.

Fɪɢ. 13. — Écailles détachées, provenant peut-être d'inflorescences mâles de *Cordaites*.
Carrière du Gourd-du-Diable.

Fɪɢ. 13 A. — Écailles du même échantillon, grossies trois fois.

Fɪɢ. 14. — Moulages de pistes d'animaux.
Grès permiens supérieurs de Murat, près Châtres.

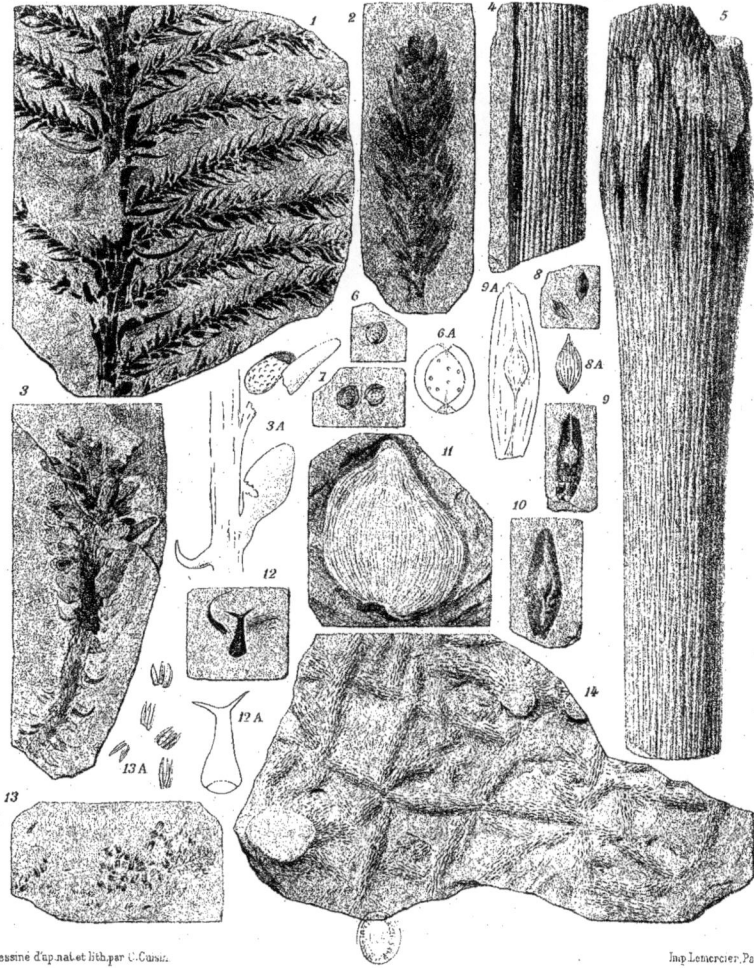

Dessiné d'ap.nat.et lith.par C.Cuisin.   Imp.Lemercier,Paris

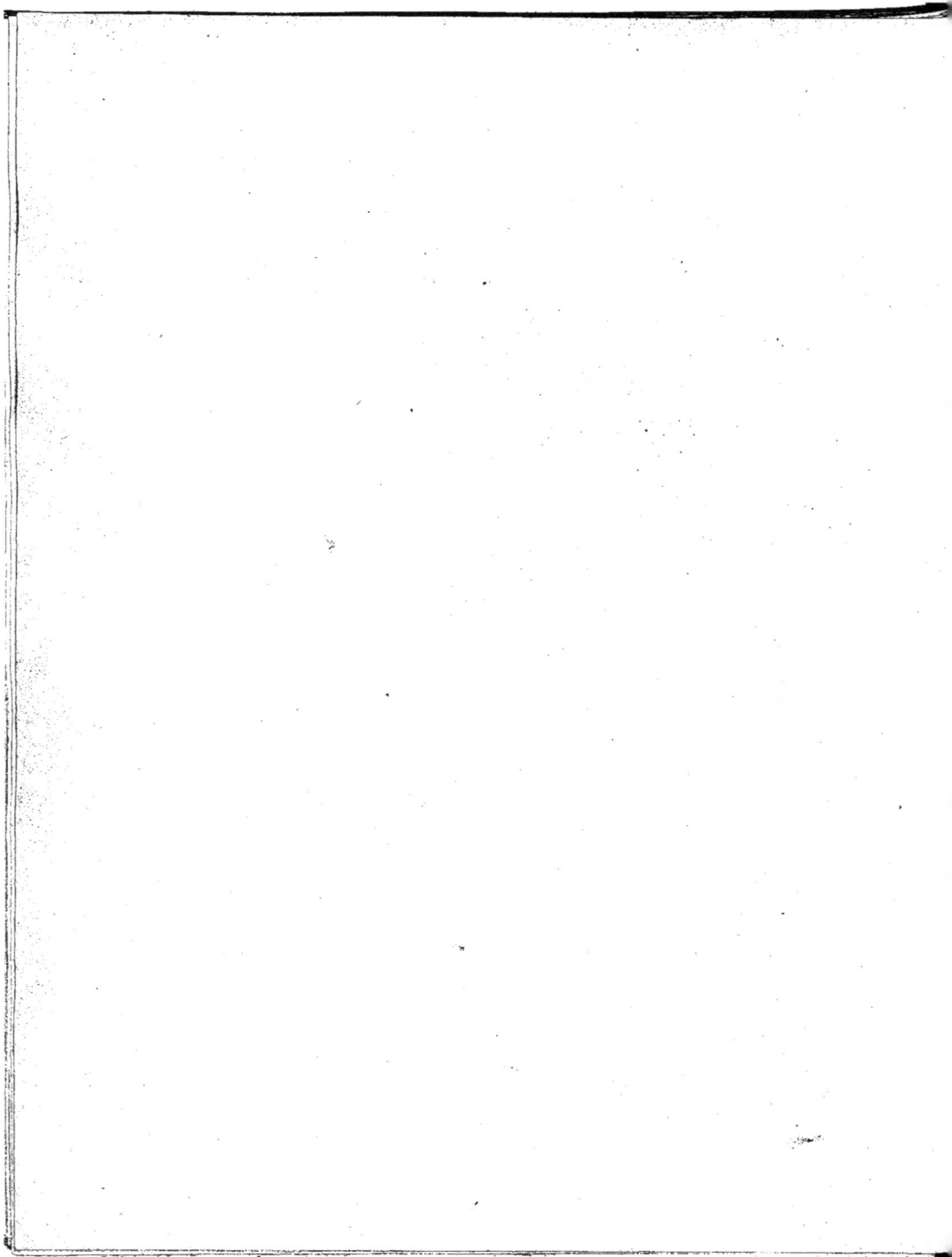

www.ingramcontent.com/pod-product-compliance
Lightning Source LLC
Chambersburg PA
CBHW060538210326
41519CB00014B/3259